国家重点研发计划项目（2021YFC3000904，2018YFC1508102）资助

U0175163

Python气象数据检验评估工具: MetEva

从入门到精通

刘凑华 代 刊 林 建◎著

气象出版社
China Meteorological Press

内 容 简 介

MetEva 是由国家气象中心牵头研发的一款用于气象数据检验评估的 Python 开源软件,旨在为从数值模式、后处理订正、智能网格预报到应用预报的气象产品制作全流程提供精细且高效的通用检验工具,从而促进气象分析和预报产品的质量提升。为了让气象工作者更好地应用 MetEva,本书对 MetEva 的设计思路、功能及应用方法进行了详细介绍,并给出大量的应用示例,以帮助使用者对该系统有更深入的理解,充分发挥该系统的应用价值。本书可供气象分析和预报人员参考使用。

图书在版编目（ＣＩＰ）数据

Python气象数据检验评估工具 ：MetEva从入门到精通 / 刘凑华，代刊，林建著. -- 北京 ：气象出版社，2024.1
ISBN 978-7-5029-8135-8

Ⅰ. ①P… Ⅱ. ①刘… ②代… ③林… Ⅲ. ①软件工具－程序设计－应用－气象数据－数据处理 Ⅳ. ①P416-39

中国国家版本馆CIP数据核字(2024)第020843号

Python 气象数据检验评估工具：MetEva 从入门到精通
Python Qixiang Shuju Jianyan Pinggu Gongju：MetEva cong Rumen dao Jingtong

出版发行：气象出版社		
地　　址：北京市海淀区中关村南大街 46 号	邮政编码：100081	
电　　话：010-68407112（总编室）　010-68408042（发行部）		
网　　址：http://www.qxcbs.com	**E-mail**：qxcbs@cma.gov.cn	
责任编辑：张　媛	终　审：张　斌	
责任校对：张硕杰	责任技编：赵相宁	
封面设计：艺点设计		
印　　刷：三河市君旺印务有限公司		
开　　本：787 mm×1092 mm　1/16	印　张：14	
字　　数：358 千字		
版　　次：2024 年 1 月第 1 版	印　次：2024 年 1 月第 1 次印刷	
定　　价：120.00 元		

本书如存在文字不清、漏印以及缺页、倒页、脱页等,请与本社发行部联系调换

气象高质量发展离不开气象精准预报。预报精准在气象业务链条中处于核心位置,起到"龙头"作用。气象业务的质量检验评估为预报精准提供了重要支撑作用。一方面,从结果导向出发,无论是主观预报技术的锤炼,还是客观预报技术的研发,以及围绕预报业务的一系列管理和技术支撑工作最终都要落实为可量化的预报质量提升;另一方面,从问题导向出发,预报技术的提升不是凭空实现的,而是要不断地通过检验和复盘来发现已有预报思路或技术中存在的问题,再针对这些问题寻找改进方案。

在国家气象中心,检验评估发展的目标被确定为"应检尽检,随检即检"。"应检尽检"对应的是检验的广度和深度,其意味着所有的业务预报都必须得到全面的检验,管理人员、预报员和研发人员都要充分了解预报检验的信息,在预报、服务和技术研发中能做到心中有数。"随检即检"对应的是检验的时效和效率,这意味着预报检验信息必须能够被及时获取和分析,否则就很难在快节奏的预报服务业务中发挥实际价值。

我们认识到检验评估是一项高度复杂的工作,要建成面向业务全流程的精细化检验评估体系绝非是少数从事检验的部门或人员能够完成的,而是需要大家共同参与。每个业务应用场景都要建立适应自身业务发展的检验指标、产品和系统,每个预报员要在会商、预报和复盘等日常业务环节加强检验分析工作,每个研发人员更要对自己研发的预报产品进行检验。

然而,若大家都开展基础检验工作,则会占用大量时间和精力,又难免陷入低水平重复。针对这个问题,本书的作者及其团队近年来致力于通用检验评估技术和算法的研发,将检验评估中面临的一系列或困难或繁琐的问题进行了逐一解决,最终形成了一套全流程检验评估程序库——MetEva。国家气象中心决定将该程序库向全行业开源,其目的是避免检验评估陷入低水平的重复建设。各部门可以基于它做二次开发,更高效地搭建适合自己的检验系统。例如,中国气象局"智慧冬奥 2022 天气预报示范计划"检验评估系统就采用了 MetEva 作为检验算法的支撑。预报员和研发者可以用它来简化检验中繁杂的数据处理和计算,把更多精力集中在检验分析思路的创新上,更好地发挥检验评估价值。

为了更好地帮助大家用好 MetEva 这项工具,本书的作者花费了很多时间和精力编撰此书。书中提供了丰富的实际案例,深入浅出,以便读者可以轻松掌握 MetEva 的使用方法。衷心希望读者在读完此书之后能够在日常工作中将 MetEva 用起来,把检验工作做得更全面、更深入,真正达到推动预报技术进步的目的。

金荣花

2023 年 9 月

时光荏苒,不知不觉我入职国家气象中心已经 13 个年头了。在这段时光中,我得到了许多前辈和朋友的有益教导和启发。其中,印象最深的就是入职的那一年负责给我们这些新员工培训的张涛老师告诫我们的"做预报,宁要错得明明白白,不要对得稀里糊涂",他说这句话是已经退休的中央气象台首席李延香告诫他的。这个告诫是提醒我们,在预报之后一定要对照实况做检验,通过检验重新审视自己的预报思路,发现不足和寻找改进措施。尽管气象科技日新月异,气象业务已经由主观落区预报过渡到主客观融合的网格预报,但几代气象人重视预报检验的传承始终未变。

预报检验主要包括两类,一类是主观检验,预报员通过肉眼方式对比实况和预报的落区异同,适用于对个例的定性分析,有助于积累预报经验,为改进预报提供线索,但缺点是难以定量,也难以确定检验结论的普适性;另一类则是定量的预报统计评分,主要用作预报质量的考评。当前,预报参考的数值模式预报和客观预报方法日益丰富,不同的预报产品在不同季节、不同区域、不同天气形势下的偏差各异,无论是研发客观预报,还是制作主观预报,都需要充分了解各类预报的偏差特征。因此,相对于定性、笼统的检验,定量、分类的精细化的检验评估日渐成为迫切的需求。

工欲善其事必先利其器,高效便利的工具是开展精细化检验评估的一个必要条件,但此前国内外尚无专门针对精细化检验需求设计的软件工具。为此,国家气象中心决心研发一套能够支撑预报制作全流程开展精细化检验的通用工具。我此前做过一些检验相关的编程工作,深切地感受到了检验编程过程中的诸多痛点,因此,努力并最终有幸争取到了深度参与这项研发的机会。

该软件正式的研发从 2019 年开始,到 2020 年 3 月完成了 V1.0 版的研发,并定名为"全流程检验评估程序库",英文简称定为 MetEva,它由 Meteorology Evaluation 两个单词的前 3 个字母构成。为了推动全国气象业务部门更好地开展检验评估,也为了促进检验评估技术的交流互鉴,国家气象中心于 2020 年 4 月决定向全国各级气象部门开源发布 MetEva。时至今日,MetEva 又经历了 3 年多的发展,其中集成了 400 多个可供用户使用的功能函数。正如预期,MetEva 已经在气象部门得到许多应用,而 MetEva 的各项功能改进和优化都离不开全国用户宝贵的反馈和建议。

为方便用户使用，我们通过在线文档提供 MetEva 的各类功能函数的参数说明和调用示例。在线文档的目录结构和内容是以类似函数手册的形式编排的，目的是覆盖所有函数功能，并提供便于理解的分类和索引。因此，它更加适合为已经熟悉 MetEva 的用户提供查询服务。

我们期望 MetEva 的每个功能函数都能在特定场景下带来便利和帮助，但若期望或要求每个用户熟练掌握其中的所有功能用法，则是陷入了另一种误区。对用户来说，MetEva 是工具，而非目的。作为工具，就需要讲究效率，讲究投入和产出比。显然，将 MetEva 中的所有功能函数都熟练掌握所需的时间成本并不小，对于长期从事检验评估的用户来说自然还是划算的，但对其他用户而言，通常只需了解其中较少一部分功能即可。问题是，在了解 MetEva 全貌之前，用户怎么知道他需要的那部分功能在 MetEva 中的哪个位置可以找到？回应这个问题正是我们写作此书的目的。

我们期望通过这本书，帮助 MetEva 的用户用最少的学习时间掌握最多检验功能用法。MetEva 的功能点虽多，但并非杂乱无章，实际上它是符合二八定律一个树状的结构，树干部分功能点只占 20%，但可以满足 80% 的需求。掌握了树干部分，也就掌握了通向各个细枝末节的大致途径了。本书的主要内容正是梳理这些树干部分，因此，其中内容可能不如在线文档全面，后续更新的函数功能也不能在书中体现。本书不能代替在线文档的使用，但你可以将它作为一个梯子，踩着它逐步抵达自由使用在线文档的高度。

在著述此书时，虽然我们带着良好的愿望，也付诸了不少心血，但是苦于写作表达能力有限，仍有不少欠佳之处，在此先表歉意，望谅解。我们希望读者在阅读此书后能够尽可能多地提出宝贵意见和建议，为 MetEva 和相关的文档改进提供帮助。

刘凑华

2023 年 8 月

目　　录

第 2 篇　入门篇

第 3 篇　进阶篇

第1篇 基础篇

第 1 章 装备 MetEva 工具

MetEva 是基于 Python 开发的程序库,它的使用也需要基于 Python 环境。因此,安装 MetEva 前首先要安装 Python 环境。

1.1 Python 环境的安装

Python 执行器。Python 是一种脚本语言,用它写成的程序在执行前不需要编译成可执行程序,而是在执行过程中由 Python 执行器逐行解释并执行。因此,要开发和运行 Python 程序都必须安装 Python 执行器。

Python 编辑器。从原理上,编辑 Python 程序在普通的文本编辑器上就可以完成。但为了提升开发和调试的效率,建议大家根据实际情况使用相应的编辑器。目前常用的 Python 编辑器有 VSCode、PyCharm、Spyder 和 Jupyter 等,它们各有优缺点。VSCode 软件轻巧,安装和启动速度快,但自动提示功能较弱,适合编程能力较强的用户使用;PyCharm 的提示功能非常智能,但启动阶段比较耗时,适合 Pycharm 初学者使用;Spyder 在调试时对中间变量的查看窗口非常友好,非常便于查看 DataFrame 类型的变量,同样适合初学者使用;Jupyter 是网页形式的交互式编辑器,能够将程序和运行结果一并显示和保存,非常适合开展交互式检验分析。

安装 Python 环境更为便捷的方法是安装 Anaconda 软件,因为 Anaconda 自带了 Python 执行器、Python 编辑器(Spyder 和 Jupyter),只要完成了 Anaconda 安装,Python 环境也就准备好了。在互联网上很容易搜索到 Windows 和 Linux 环境下安装 Anaconda 的方法,因此,本书不再详述。

1.2 Jupyter 的使用方法

上面提到 Jupyter 非常适合开展交互式分析,本书中的绝大部分的代码示例都是利用 Jupyter 工具编写的,为此本节对 Jupyter 的使用步骤做简单介绍。

步骤 1:在本地创建一个存放 Jupyter 代码文件的文件夹,例如 D:\book\code;如果文件夹已存在,则可以跳过此步骤。

步骤 2:在本机应用搜索栏中搜索"Anaconda",右击应用 "Anaconda Prompt"选择以"管理员身份运行"。

步骤 3:在弹出的命令窗口中,输入命令,进入步骤 1 创建的文件夹;之后输入打开Jupyter

的命令，命令窗口内容如下面的示例所示：

（base）C:\Windows\system32＞d:

（base）C:\Windows\system32＞cd\book\code

（base）C:\Windows\system32＞jupyter notebook

命令执行成功后弹出如下所示的网页：

步骤 4：在页面上点击"New"，选取"Python3"创建 Python 脚本。

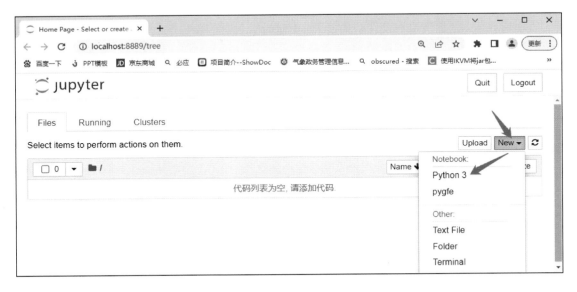

步骤 5：更改脚本名称，方法如下图所示：

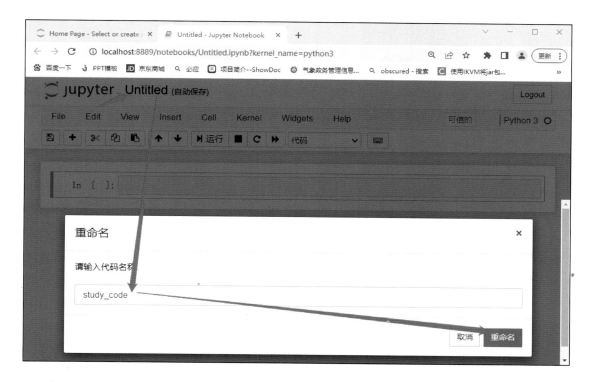

步骤 6：在代码编辑页面中点击"＋"添加代码输入框，在输入框内输入代码，后点击"运行"按钮，即可执行代码，代码输出的结果会在输入框下面显示，示例如下：

在 Jupyter 编辑器当中，被选中的输入框会在左侧以蓝色或绿色高亮显示，点击"运行"只会执行被选中输入框中的代码。Jupyter 中代码的运行顺序不必是从上到下，用户可以任意选择执行哪一个输入框中的代码。每一次执行生成变量仍然会留在内存中，可以在后续执行的代码中调用。如果点击▶▶按钮则会从上到下重新执行页面中的所有代码。

1.3　MetEva 的安装

　　基于前面搭建的环境，读者可以开始编写简单的 Python 程序了，为了使用 MetEva，读者还需进一步安装 meteva 包。meteva 的开发使用到了一系列其他的 Python 包，它们包括 numpy＞＝1.12.1、pandas＞＝1.0.4、netCDF4＞＝1.4.2、scipy＞＝0.19.0、xarray＞＝0.10.0、scikit-learn＞＝0.21.2、matplotlib＞＝3.0.0、httplib2＞＝0.12.0、protobuf＜3.20.0、pyshp＞＝2.1.0、tables＞＝3.4.4 和 urllib3＞＝1.21.1。在安装 meteva 包前需要通过自动或手动的方式安装这些依赖包。第 2 章会对其中的 numpy、pandas、xarray 和 matplotlib 做详细的介绍。

　　MetEva 的安装包括在线安装和离线安装两种方式。当用户设备可以连接互联网时，安装过程非常简单，以 Windows 环境下为例，其步骤为：

　　步骤 1：在"开始"菜单找到"Anaconda Prompt"按钮。

　　步骤 2：右键以管理员身份运行，弹出窗口"Anaconda Prompt"。

　　步骤 3：在窗口中输入 pip install meteva，程序会自动安装 meteva 包及所有依赖包。

　　若设备无法连接互联网，则需要采用离线的方式安装。具体方法为：

　　步骤 1：登录网址 https://pypi.org/，在其中搜索 meteva(图 1.1)。

图 1.1　Python 包发布和下载平台 PyPI 主页

　　步骤 2：在弹出的搜索结果中找到 meteva 命名的库，点击其名称后，在页面左侧点击"Download files"，在右侧页面中找到 .whl 为后缀的文件，单击下载(图 1.2)。

　　步骤 3：打开"Anaconda Prompt"命令窗口，进入以 .whl 为后缀的安装包所在文件夹，输入命令 pip install meteva-1.6.5-py3-none-any.whl，开始安装，其中，第 2 个参数对应的包名需根据实际下载的安装包名更改。

图 1.2　PyPI 的安装包下载页面

步骤 4：在安装过程中，大概率会出现 meteva 所需的依赖包缺少的情况，若出现此类情况，安装过程会出现如下形式的错误提示：

ERROR：No matching distribution found for　PackageName>=VersionNumber

该错误信息表明相应名称（如上面示例中的 xarray）和版本（如上例中的 0.10.0）的依赖包缺失。为此，可以采用步骤 1~3 的方法，先下载和安装缺失的依赖包。在 PyPI 平台上，找到相应安装包后，可以点击图 1.2 中页面左侧显示的按钮"Release History"弹出安装包所有的历史版本，再根据操作系统环境和安装提示选择下载相应的包。依赖包安装好之后，重新安装之前安装失败的包。

步骤 5：由于 Python 经常有层层递进的依赖关系，当依赖包安装失败时，就采用步骤 4 的方法顺藤摸瓜将所有的依赖包安装好，最后完成 MetEva 的安装。

　　离线安装 Python 相对麻烦，因此，在安装成功后，注意保存已下载的所有依赖包，以便在类似环境下再次安装。

第 2 章　Python 语法和常用库

Python 是一种结合了解释性、编译性、互动性和面向对象的脚本语言。对于气象从业者来说,掌握 Python 已变得越来越必要。它至少可以为我们连接三种必要的核心能力:

- 建模:在气象行业,除了数值模式之外的大部分分析和预报问题需要涉及建模,而建模所需的几乎所有统计、机器学习和人工智能的算法库都有 Python 的版本。
- 绘图:Python 集成的 Matplotlib 库可以满足绝大部分气象图形的绘制,另外,还有 MetDig 和 MetPy 等专业的气象图形工具可以使用。
- 数据分析:Python 集成的 pandas、xarray 以及本书介绍的 MetEva 提供了丰富的分析、统计和检验的功能。

学习了解 Python 的基础语法是掌握 MetEva 的一个前提。目前市面上介绍 Python 编程的书籍和在线资料很多,读者可以根据自己的需求进行学习。精通 Python 需要学习的东西很多,学习周期漫长,但就使用 MetEva 来说,需要掌握的 Python 语法并不多。本章将 MetEva 涉及的 Python 知识进行了凝练,学完本章后就有足够的基础学习后续内容。本章也可作为部分读者的 Python 入门读物。

2.1　Python 基础语法

2.1.1　基本数据类型

Python 中的变量不需要声明。每个变量在使用前都必须赋值,变量赋值以后该变量才会被创建。等号(=)用来给变量赋值。等号(=)运算符左边是一个变量名,等号(=)运算符右边是存储在变量中的值。例如:

In[1]①　▶
```
dtime = 72
temperature = 37.5
model_name = "CMA_GFS"
print(dtime)
print(temperature)
print(model_name)
```

Out[1]②:　72

37.5

CMA_GFS

---

① In[1]代表程序输入示例1,下同。
② Out[1]代表输出示例1,下同。

2.1.2 运算符

Python 的运算符包括如下几类：

- 算术运算符：＋（加）、－（减）、＊（乘）、/（除）、％（除余）、＊＊（幂）、//（整除）。
- 比较运算符：＝＝（等于）、＞（大于）、＜（小于）、＞＝（大于或等于）、＜＝（小于或等于）。
- 赋值运算符：＝（赋值）、＋＝（加法赋值）、－＝（减法赋值）。
- 位运算符：&（与）、|（或）、^（异或）。
- 成员运算符：in（在）、not in（不在）。
- 身份运算符：is（是）、is not（不是）。

例如：

In[2] ▶ `3 ** 2`

Out[2]：9

In[3] ▶ `3 // 2`

Out[3]：1

In[4] ▶ `3>=2`

Out[4]：True

2.1.3 字符串

Python 中用单引号""或双引号""""括起来的内容是字符串。字符串可进行截取和拼接操作。例如：

In[5] ▶
```
str1 ='MetEva'
print（str1）            # 输出字符串
print（str1[0]）         # 输出字符串第一个字符
print（str1[2:5]）       # 输出从第三个开始到第五个的字符
print（str1[0:－1]）     # 输出第一个到倒数第二个的所有字符
print（str1[2:]）        # 输出从第三个开始及其后面的所有字符
print（str1 ＋ "TEST"）  # 连接字符串
```

Out[5]：MetEva

M

tEv

MetEv

tEva

MetEvaTEST

在 Python 中使用反斜杠"\"转义特殊字符,在字符串前添加 r 表示所见即所得,在书写表示数据路径的字符串时要养成添加 r 的习惯。下面的一个例子中没加 r,\a 和\n 都被转义了,另一个例子中加了 r 则保留了原样。

In[6] ▶ `print("E:\a\nb. txt")`

Out[6]：E:

b. txt

In[7]　▶　print(r"E:\a\nb. txt")

Out[7]：E:\a\nb. txt

2.1.4　注释

Python 中的 # 符号之后的部分为注释,如上文中的 In[5]示例。当需要进行多行注释时,最方便的方式为:在 Python 编辑器中用鼠标选中多行内容,然后按快捷键 Ctrl+/;取消多行注释的方法同样是选中后按快捷键 Ctrl+/。

2.1.5　列表

列表是最常用的 Python 数据类型,用于记录一组顺序排列的数据。这些数据不必是相同的类型。创建一个列表,只要把逗号","分隔的不同的数据项使用方括号"[ ]"括起来即可。例如:

In[8]　▶　list1 = ["a","b", 1,[1.0,2.0]]
　　　　print(list1) # list1 中包含 4 个元素,它们类型分别是字符型、字符型、整数型和列表

Out[8]：['a', 'b', 1, [1.0, 2.0]]

序列中的每个值都有对应的位置值,称之为索引,第一个索引是 0,第二个索引是 1,依此类推。列表都可以进行的操作包括索引、切片。例如:

In[9]　▶　print(len(list1))　　　　#列表的长度
　　　　print(list1[0])　　　　# 列表的第 0 个元素
　　　　print(list1[:2])　　　　# 列表第 0 和第 1 个元素
　　　　print(list1[1:])　　　　# 列表第 1 至倒数第 0 个元素
　　　　print(list1[1:-1])　　　# 列表第 1 至倒数第 1 个元素

Out[9]：4
　　　　a
　　　　['a', 'b']
　　　　['b', 1, [1.0, 2.0]]
　　　　['b', 1]

常用的用于扩展列表的内容函数有 append 和 extend,例如:

In[10]　▶　list1. append("MetEva")
　　　　print(list1)

Out[10]：['a', 'b', 1, [1.0, 2.0], 'MetEva']

In[11]　▶　list1. extend(["c","d"])
　　　　print(list1)

Out[11]：['a', 'b', 1, [1.0, 2.0], 'MetEva', 'c', 'd']

2.1.6　元组

Python 的元组与列表类似,不同之处在于元组的元素不能修改。元组使用小括号"( )",列表使用方括号"[ ]"。元组创建很简单,只需要在小括号"( )"(也可省略)中添加元素,并使

用逗号","隔开即可。可以使用下标索引来访问元组中的值,例如：

```
In[12]  ▶  tup1 = ([1,2,3],["a","b","c"])
           print(tup1[0])
```

Out[12]: [1, 2, 3]

在初始化元组时也可以不写两边的小括号"( )",例如

```
In[13]  ▶  tup2 = [1,2,3],["a","b","c"]
           print(tup2[0])
```

Out[13]: [1, 2, 3]

人们在编写 Python 程序时常不小心在行尾多加一个逗号",",就会将变量转成了元组,当程序运行报错信息中包含"tuple"字眼时,就可以排查一下是否多写了逗号。

利用元组可以非常方便的在函数中返回多个结果,这比其他常用编程语言要便利得多。在 MetEva 中有大量的应用元组来返回检验结果的函数,在后面的章节会详细说明。

2.1.7 字典

字典是另一种可变容器模型,且可存储任意类型对象。字典的每个键值对 key:value 用冒号":"分割,每对之间用逗号","分割,整个字典包括在花括号"{}"中。例如：

```
In[14]  ▶  dict1 = {}                                    #使用花括号 { } 创建空字典
           dict2 = {"id":[54511,54512], "lon":[110,120],"lat":[30,40]}
           print(dict2)                                  #打印整个字典内容
           print("----------------")
           print(dict2["id"])                            #打印一个关键词对应的值
```

Out[14]: {'id': [54511, 54512], 'lon': [110, 120], 'lat': [30, 40]}

         [54511, 54512]

向字典添加新键值对的方法如下：

```
In[15]  ▶  dict2["dtime"] = [24,48]
           print(dict2)
```

Out[15]: {'id': [54511, 54512], 'lon': [110, 120], 'lat': [30, 40], 'dtime': [24, 48]}

2.1.8 行与缩进

Python 最具特色的就是使用缩进来表示代码块,不需要像 C 和 Java 等语言一样使用花括号 { },也不需要像 Fortran 语言一样使用 if——end if 等词语来括住代码快,这使得 Python 的代码非常简洁。关于缩进的具体用法下面结合条件控制、循环和函数来介绍。

2.1.9 条件控制

Python 条件语句是通过一条或多条语句的执行结果(True 或者 False)来决定执行的代码块。例如：

In[16]　▶
```
a = 2
if a > 2:
    print("a>2")
elif a == 2:
    print("a==2")
else:
    print("a<2")
```

Out[16]：a==2

　　在上面的示例中,展示了 Python 条件控制的 3 种关键词 if、elif 和 else。在关键词 if 和 elif 后面接条件语句,注意不要忽略条件语句后面的冒号":"。上述示例显示,条件控制模块中的执行代码块(如上面的 print 语句)比关键词行要多出一个缩进位置(一个 tab 键或四个空格键)。Python 的缩进是强制性的,如果不严格书写,程序将无法正常运行。

2.1.10　循环语句

　　Python 中常用循环语句有 for 和 while。其中,for 循环又有两种常见的用法,一种是直接遍历列表、元组或字典的 keys,再执行模块使用遍历得到的值,例如:

In[17]　▶
```
list1 = ["a","b","c"]
for value in list1:
    print(value)
```

Out[17]：a
　　　　　b
　　　　　c

　　另一种是采用 range 函数生成一组序数,再执行模块使用遍历的序数,例如:

In[18]　▶
```
list2 = ["a","b","c"]
for i in range(len(list2)):
    print(list2[i])
```

Out[18]：a
　　　　　b
　　　　　c

　　在上面的示例中,range 函数可以接一个输入参数 n,生成 0 到 n−1 的序数。也可以接三个参数 n,m,s,表示生成从 n 开始间隔 s 至小于 m 的序数。例如:

In[19]　▶
```
for i in range(1,5,2):
    print(i)
```

Out[19]：1
　　　　　3

　　从上面的示例可以看出,生成的序数不包含 5,在后续的应用中需要特别注意。
　　在批量处理气象数据时常需要包含时间处理的循环,此时可以用 while 实现。例如:

In[20] ▶
```python
import datetime    # Python 自带的时间处理函数
time_begin = datetime.datetime(2021,1,1,8,0)        #生成一个时间变量
time_end = datetime.datetime(2021,1,3,8,0)          #生成另一个时间变量
time1 = time_begin                                  #将时间值赋给另一个变量
while time1 < time_end:          # 用 < 等符号判断时间先后,早出现的时间取值更小
    if time1.hour ==8 or time1.hour == 20:          #嵌套条件控制模块
        print(time1)
    time1 = time1 + datetime.timedelta(hours = 1)   # 时间往后增加 1 小时
```

Out[20]: 2021-01-01 08:00:00
2021-01-01 20:00:00
2021-01-02 08:00:00
2021-01-02 20:00:00

在使用 while 循环的时候,需要特别注意的是,对条件判断相关变量取值进行变化的语句,不能放置在一个不完备的 if 模块里。例如:在上面的示例中最后一行代码若不小心放置在 if 模块里面,就会变成死循环。

2.1.11　函数

你可以定义一个自己想要功能的函数,以下是简单的规则:
- 函数代码块以 def 关键词开头,后接函数标识符名称和圆括号"()";
- 任何传入参数和自变量必须放在圆括号"()"中间,圆括号"()"之间可以用于定义参数;
- 函数内容以冒号":"起始,并且缩进;
- 函数的第一行语句可以选择性地使用文档字符串——用于存放函数说明;
- **return [表达式]** 结束函数,选择性地返回一个值给调用方,不带表达式的 return 相当于返回 None。

例如:

In[21] ▶
```python
def max_min(a,b):
    '''
    这是一个求最大值和最小值的函数
    :param a:第一个参数
    :param b:第二个参数
    :return:返回最大值和最小值
    '''
    if a > b:
        return a,b
    else:
        return b,a

max_value,min_value = max_min(3,5)
print("max:" + str(max_value))
print("min:" + str(min_value))
```

Out[21]：　max：5

　　　　　　 min：3

　　如上面所示，在函数内容的开头常常写一段用三引号"""""括起来的函数说明。前面提到 ♯ 是一种常用的注释符号，而三引号"""""则是另一种批量代码注释方法，常用于函数说明部分。在函数体里，可以有多个 return 语句，并且 return 语句可以同时返回多个结果（实际上返回结果就是前面提到的元组）。当返回结果是元组时，可以用同样数目的变量去接收返回值。此时，也可以用一个变量接收返回值，所得结果就是元组类型。例如：

In[22]　▶ | result ＝ max_min(3,5)
　　　　　　 print("max：" ＋ str(result[0])) |

Out[22]：　max：5

　　上面的示例中，max_min 会同时返回两个变量，它们构成一个元组被 result 接收，因此，result 就是一个元组。如果函数返回多个变量，但只有一部分是接下来所需的，可以用"_"来接收我们希望忽略的一部分结果，例如：

In[23]　▶ | max_value,_ ＝ max_min(3,5)
　　　　　　 print("max：" ＋ str(max_value)) |

Out[23]：　max：5

　　虽然示例[23]和示例[22]的效果是一样的，但是示例[23]的方式可避免无用变量影响，代码更为简洁，这种写法在 Python 中很常见。

　　Python 学习的重点是熟悉各种常用库，以下就对气象行业最常用的 Numpy、Pandas、Xarray 和 Matplotlib 进行详细介绍。

2.2　矩阵计算库——NumPy

　　NumPy（Numerical Python 的简称）是 Python 的科学计算的基础包，它提供了效率近似于 Fortran 语言和 C 语言的矩阵计算功能。MetEva 的大部分检验算法是基于 NumPy 实现的，对 MetEva 的用户来说，在各类检验分析中将不可避免地要用到 NumPy 的功能。以下对 NumPy 的一些基本功能进行简述。

2.2.1　创建数组

　　常用的创建数组的方法包括 arange、ones、zeros、random 和 randn。它们的用法如下：

In[24]　▶ | import numpy as np
　　　　　　 np. arange(0,10,2)　　　　　 ♯ 生成等间距的一组整数数组 |

Out[24]：　array([0, 2, 4, 6, 8])

In[25]　▶ | np. zeros((2,3))　　　　　 ♯ 生成大小为 2×3 的二维矩阵，所有元素取值都为 0 |

Out[25]：　array([[0., 0., 0.],
　　　　　　　　　 [0., 0., 0.]])

In[26] ▶ | np. ones((2,3))   # 生成大小为 2×3 的二维矩阵,所有元素取值都为 1

Out[26]: array([[1., 1., 1.],
             [1., 1., 1.]])

In[27] ▶ | np. random. random((2,3))   # 生成大小为 2×3 的正态分布二维随机矩阵

Out[27]: array([[0.36259932, 0.65513313, 0.46041431],
             [0.96739066, 0.16542613, 0.24869169]])

In[28] ▶ | np. random. randn(2,3)   # 生成大小为 2×3 的正态分布二维随机矩阵

Out[28]: array([[−1.29948124, −0.46089825, 0.28201506],
             [0.74610549, −1.45835802, −0.84001792]])

如上例所示,需要非常注意的是,randn 接收的是多个整数作为参数,而 zeros、ones 和 random 接收的是一个元组作为参数。通过上述方法创建数组需要事先知道数组的大小,但实践中经常事先无法确定数组大小,此时可以基于列表生成数组。

In[29] ▶
```
list1 = []
for i in range(25):
    s = i ** 0.5
    if s == int(s):
            list1. append(i)
print("列表:" + str(list1))
print("数组:" + str(np. array(list1)))
```

Out[29]: 列表:[0, 1, 4, 9, 16]
        数组:[0 1 4 9 16]

在上面的示例中,程序的目标是找出 0~24 范围内开方后仍为整数的数构成的数组,程序中利用列表方便扩展的特征,先收集符合条件的值,再用 array 函数转换成数组。

2.2.2 数组形状

NumPy 数组除了有数据内容,还包含一些形状属性,其中,size 记录数组里一共有多少个元素,ndim 记录数组有多少维,shape 记录每个维度上有多少元素,shape 是前面提到的元组数据类型。例如:

In[30] ▶
```
arr = np. random. randn(2,3)
print(arr. size)
print(arr. ndim)
print(arr. shape)
print(type(arr. shape))
```

Out[30]: 6
        2
        (2, 3)
        <class 'tuple'>

2.2.3 切片和索引

NumPy 数组对象的内容可以通过索引或切片来访问和修改,与 list 的索引和切片操作基

本一致。例如：

In[31] ▶
```
list1 = [[1,1,1],[2,2,2],[3,3,3]]
array1 = np.array(list1)
print(array1[1,1:])
```

Out[31]：[2 2]

下面的示例给出 Numpy 数组和多层嵌套列表索引方式的不同：

In[32] ▶
```
print("数组的可用索引方式:" + str(array1[2][0]))
print("数组的可用索引方式:" + str(array1[2,0]))
print("列表的可用索引方式:" + str(list1[2][0]))
print("列表的不可用索引方式:" + str(list1[2,0]))
```

Out[32]：数组的可用索引方式:3
　　　　　数组的可用索引方式:3
　　　　　列表的可用索引方式:3
　　　　　--
　　　　　TypeError　　　　　　　　　　　　Traceback (most recent call last)
　　　　　<ipython-input-93-f918ffffc62a> in <module>
　　　　　　　　2 print("数组的可用索引方式:" + str(array1[2,0]))
　　　　　　　　3 print("列表的可用索引方式:" + str(list1[2][0]))
　　　　　----> 4 print("列表的不可用索引方式:" + str(list1[2,0]))

　　　　　TypeError：list indices must be integers or slices, not tuple

从上面的示例可以看出，在多层嵌套列表的索引时不能用一对中括号"[ ]"括住用逗号","分隔的多个索引，而在 NumPy 数组中是可以的。此外，NumPy 也支持切片的方式进行部分要素赋值，例如：

In[33] ▶
```
b = np.array([4,4])
array1[2,0:2] = b[:]
array1
```

Out[33]：array([[1, 1, 1],
　　　　　　　　　　[2, 2, 2],
　　　　　　　　　　[4, 4, 3]])

2.2.4　重塑和转置

若需在不改变数据的情况下更改数组的形状，可用的功能函数包括 reshape、flatten 和转置。reshape 函数接收的参数是更改后数据各维度的大小，其中通过 -1 来表示某一维大小由函数自动判别。例如：

In[34] ▶
```
array1 = np.array([1,2,3,4,5,6])
print("重塑前:")
print(array1)
array2 = array1.reshape(2,3)
print("重塑后:")
```

```
print(array2)
print("-----")
array3 = array1. reshape(-1,3)
print(array3)
```

Out[34]: 重塑前:
[1 2 3 4 5 6]
重塑后:
[[1 2 3]
 [4 5 6]]

[[1 2 3]
 [4 5 6]]

flatten 是重塑函数的一个特例,它将任意 shape 的数组转换成一维数组,例如:

```
array4 = array2. flatten()
print(array4)
```

Out[35]: [1 2 3 4 5 6]

expand_dims 和 squeeze 是另外两种重塑方法,前者让矩阵多出一维,后者将大小为 1 的维度去除。注意它们是用模块 NumPy 作为调用主体,而不是用数组变量作为调用主体,这和 reshape、flatten 不一样。例如:

```
array5 = np. expand_dims(array2,0)
array6 = np. squeeze(array5)
print("扩展前:" + str(array2. shape))
print("扩展第 0 维后:" + str(array5. shape))
print("压缩多余维度后:" + str(array6. shape))
```

Out[36]: 扩展前:(2,3)
扩展第 0 维后:(1,2,3)
压缩多余维度后:(2,3)

转置是将数组的行列互换,在矩阵计算中很常用。用法如下:

```
array7 = array2. T
print("转置前:")
print(array2)
print("转置后:")
print(array7)
```

Out[37]: 转置前:
[[1 2 3]
 [4 5 6]]
转置后:
[[1 4]
 [2 5]
 [3 6]]

2.2.5　常用函数

NumPy 包含大量的各种数学运算的函数,包括数学函数、统计函数等。例如:

In[38] ▶
```
a = np.array([1,2,3])
b = np.power(a,2)
print("数组整体求平方:"+ str(b))
c = np.mean(a)
print("数组的平均值:"+ str(c))
```

Out[38]:　数组整体求平方:[1 4 9]
数组的平均值:2.0

2.2.6　广播

在气象数据处理中有个常见的场景:求距平。即将矩阵减去它某个维度的平均值。NumPy 的广播功能很容易实现该需求,它不需要特别的设置,就可以自动在不同 shape 的矩阵之间实现对齐和运算。例如:

In[39] ▶
```
value = np.array([[1,2,3],[4,5,6]])
mean0 = np.mean(value,axis = 0)
delta0 = value - mean0
print("原始值:")
print(value)
print("第 0 维度平均:")
print(mean0)
print("距平:")
print(delta0)
```

Out[39]:　原始值:
[[1 2 3]
 [4 5 6]]
第 0 维度平均:
[2.5 3.5 4.5]
距平:
[[-1.5 -1.5 -1.5]
 [1.5 1.5 1.5]]

但实际上广播是有条件的,简单来说,就是参与运算的两个数组在低维度(即 shape 打印在屏幕时靠右侧的数字)是相同的,或者其中有个取值为 1。例如:在上面的例子中,原始矩阵的 shape 是(2,3),平均值矩阵的 shape 是(3),因此,广播成功。在下面的例子中则失败了:

In[40] ▶
```
value = np.array([[1,2,3],[4,5,6]])
mean1 = np.mean(value,axis = 1)
delta1 = value - mean1
```

Out[40]:　--

ValueError　　　　　　　　　　Traceback (most recent call last)

```
<ipython-input-95-373a52dd7e66> in <module>
      1 value = np.array([[1,2,3],[4,5,6]])
      2 mean1 = np.mean(value,axis = 1)
----> 3 delta1 = value - mean1
ValueError: operands could not be broadcast together with shapes
   (2,3) (2,)
```

在上面的示例中,对数据第 1 维度求平均后,得到的平均值矩阵的 shape 是(2),它和原始数组的低维度大小(3)是不匹配的,因此,无法广播。为了解决上面的问题,可以将平均值结果扩展出一个长度为 1 的维度。例如:

In[41] ▶
```
value = np.array([[1,2,3],[4,5,6]])
mean1 = np.mean(value,axis = 1).reshape(2,1)
delta1 = value — mean1
print("原始值:")
print(value)
print("第 0 维度平均:")
print(mean1)
print("距平:")
print(delta1)
```

Out[41]: 原始值:
[[1 2 3]
 [4 5 6]]
第 0 维度平均:
[[2.]
 [5.]]
距平:
[[-1. 0. 1.]
 [-1. 0. 1.]]

在示例[41]中,扩展后的平均值矩阵的 shape 是(2,1),低维度长度 1 虽然和原始矩阵低维度长度 3 不一致,但其中有一个是 1,广播能够成功。

2.3 数据分析库——Pandas

Pandas 提供了一种面向列的二维表结构,以及大量基于该结构的数据处理函数。Pandas 的基础是 NumPy,因此,它的许多和矩阵计算相关的功能运行效率非常高。Pandas 名字衍生自术语"panel data"(面板数据)和"Python data analysis"(Python 数据分析),是面板数据分析工具之意,同时它和可爱的大熊猫同名,深受数据分析者的喜爱。

2.3.1 Series 数据结构

Series 类似表格中的一个列(column),类似一维数组,可以保存任何数据类型。和一维数组不同的是,它还包含一列索引(index),索引和数据列的内容是一一对应的。字典中的键(key)和值(value)也是一一对应的,但是 Series 和字典不同,字典是随机排列的,而 Series 是顺序排列的。

2.3.2　DataFrame 数据结构

DataFrame 是 Pandas 提供的一种表格型的数据结构(图 2.1),它含有一组有序的列,每列可以是不同的值类型(数值、字符串、布尔型值)。DataFrame 可以看作是具有共同索引的多个 Series 组成。在 MetEva 中,存储站点数据的结构就是基于 DataFrame 设计的,因此,在学习本书时务必熟悉 DataFrame 的常用用法。

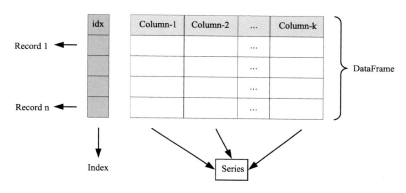

图 2.1　DataFrame 数据结构示意图

2.3.3　创建 DataFrame

创建 DataFrame 的方式有多种,其中,比较便于扩展的方式是基于字典数据创建。例如:可以通过如下方式创建一个包含站号、经度、纬度和预报值的字典,然后将其作为 DataFrame 函数的输入,即可创建一张数据表:

In[42] ▶
```python
import pandas as pd
dict1 = {
    "id" : [54511,54510,54509,54508],
    "lon":[111,112,113,114],
    "lat":[31,32,33,34],
    "temperature":[10,20,30,40]
}
df = pd.DataFrame(dict1)
df
```

Out[42]:

	id	Ion	lat	temperature
0	54511	111	31	10
1	54510	112	32	20
2	54509	113	33	30
3	54508	114	34	40

上面的示例中数据表的各列是字典的关键词。需要注意的是，在字典的每个关键词对应的列表的长度应该相同，否则运行就会出错。上述示例中字典的值是列表，它们可以使用 append、extend 等函数扩展，因此，上面的方法适合于一个大小不确定的数据表的创建。

2.3.4 查看和修改列名称

DataFrame 变量的 columns 属性里包含了各列的名称，但 columns 是 pandas 自带的一种数据结构，初学者不容易记住和使用，为此采用如下方法可以将列名称提取出来，并转换成常用的列表形式：

In[43] ▸
```
column_names = list(df.columns)
print(column_names)
```
Out[43]: ['id', 'lon', 'lat', 'temperature']

在实践中有时需要修改数据表的列名称，以用在不同的场合。修改 DataFrame 列名称的方式有多种，最简单的是直接用一个列表给它重新赋值。例如：

In[44] ▸
```
df.columns =["id","x","y","t2m"]
df
```
Out[44]:

	id	x	y	t2m
0	54511	111	31	10
1	54510	112	32	20
2	54509	113	33	30
3	54508	114	34	40

另外，若只需更改其中少数列名，可以使用 rename 方法。例如：

In[45] ▸
```
df.rename(columns={"t2m":"温度"},inplace=True)
df
```
Out[45]:

	id	x	y	温度
0	54511	111	31	10
1	54510	112	32	20
2	54509	113	33	30
3	54508	114	34	40

2.3.5 索引和赋值

在 DataFrame 数据的应用过程中需要涉及取出一部分数据使用，即数据的索引。常用的索引包括取出 1 行、取出 1 列和取出 1 块三种情况，前两种又可看作是最后一种的特例。其中，取出一列数据的方式又包括两种，一是根据列名称选取，二是根据列序号选取。例如：

In[46] ▸
```
df["id"]
```

```
Out[46]:  0       54511
          1       54510
          2       54509
          3       54508
          Name：id，dtype：int64
```

In[47]　▶ `df. iloc[：,0]`

```
Out[47]:  0       54511
          1       54510
          2       54509
          3       54508
          Name：id，dtype：int64
```

上面提到 DataFrame 是由多列 Series 构成，因此，索引出一列得到的数据是一个 Series。在上面的示例中，. iloc 是从数据表中按序号任意选取一块的索引方式。方括号"[ ]"中分别是行的序号和列的序号。其中，冒号的用法和列表(list)或数组(numpy)中用法完全相同。例如：

In[48]　▶ `df. iloc[1：3,0：2]`

Out[48]：

	id	x
1	54510	112
2	54509	113

从上面的示例可以看出，索引内容包含多列时，得到的数据仍然是一个 DataFrame 形式，而不仅是数据表中的数值部分。如果仅希望得到其中的数值部分，可以用 . values 获取，例如：

In[49]　▶ `df. iloc[1：3,0：2]. values`

```
Out[49]:  array([[54510,    112],
                 [54509,    113]], dtype＝int64)
```

通过上面的示例可以看出，对数据表取 . values 得到的是 numpy 形式的数组。通过索引方式获得的数据表并不是一个新创建的表，它仍然指向原来的数据表，如果对其内容进行修改，原始的数据表也会随之改变。例如：

In[50]　▶
```
df1 = df. iloc[1：3,0：2]
df1. iloc[：,：] ＝ 2
df
```

Out[50]：

	id	x	y	温度
0	54511	111	31	10
1	2	2	32	20
2	2	2	33	30
3	54508	114	34	40

从上面的示例可以看出，虽然取出的表赋给了新变量 df1，但 df1 更改时，df 也变了。要避免取出的数据表更改影响原始数据表，可以用 copy 函数复制一份新的数据表。例如：

In[51] ▶
```
df1 = df.copy()
df1.iloc[1:3,0:2] = 0
df  # 原始数据未改变
```

Out[51]:

	id	x	y	温度
0	54511	111	31	10
1	2	2	32	20
2	2	2	33	30
3	54508	114	34	40

除了对已有行或列内容修改，有时还需新增行或列，其中，新增列的方法如下：

In[52] ▶
```
df["气压"] = [1000,1010,1020,1030]
df
```

Out[52]:

	id	x	y	温度	气压
0	54511	111	3	10	1000
1	2	2	32	20	1010
2	2	2	33	30	1020
3	54508	114	34	40	1030

2.3.6 排序、去重和条件筛选

在气象数据处理时经常需要根据数据时间、站号、经纬度等信息进行排序，并把一些重复的数据删除。Panda 提供了根据数据的一列或多列进行排序和去重的功能，用法示例如下：

In[53] ▶
```
df.sort_values(by = ["温度"],ascending = False,inplace = True)
df
```

Out[53]:

	id	x	y	温度	气压
3	54508	114	34	40	1030
2	2	2	33	30	1020
1	2	2	32	20	1010
0	54511	111	31	10	1000

In[54] ▶
```
df.drop_duplicates(["id"],inplace = True)
df
```

Out[54]:

	id	x	y	温度	气压
3	54508	114	34	40	1030
2	2	2	33	30	1020
0	54511	111	31	10	1000

在上面的示例中，ascending ＝ False 表示降序排列，如果不设置该参数，则表示升序排列。inplace ＝ True 表示排序或去重后的结果替换掉原来的数据表，如果不设置该参数，则表示返回一个新的数据表。除了利用行列索引选取数据，有时还需要根据数据的取值进行筛选。下面的方式可以获取某一列取值符合条件的子集：

In[55]　▶　df[df["气压"]＞1000]

Out[55]:

	id	x	y	温度	气压
3	54508	114	34	40	1030
2	2	2	33	30	1020

在上面的示例中，df["气压"] 返回的是一个 Series，df["气压"]＞1000 返回的是符合条件的行索引，因此整行命令返回所有符合条件的行。下面是数据筛选的另一种方式：

In[56]　▶　df.iloc[df.iloc[:,−1].values＞1000,−1] ＝ 9999
df

Out[56]:

	id	x	y	温度	气压
3	54508	114	34	40	9999
2	2	2	33	30	9999
0	54511	111	31	10	1000

在上面的示例中，利用 .values 取出一部分数据的内容用于判断，其返回的索引进一步作为 .iloc 的参数，从而获得一部分数据表，并可进一步修改内容。

2.4　时空数据处理库——Xarray

Xarray 在原始 numpy 数组的基础上引入了维度、坐标和属性形式的标签，这使得开发人员能够获得更直观、更简洁、更不容易出错的体验。Xarray 提供 DataArray 和 DataSet 两种数据结构，并围绕这类数据结构提供了丰富的数据处理和分析工具。Xarray 的数据结构和 NetCdf 格式文件是对应的，可以简单地将它理解成内存里的 NetCDF。关于 Xarray 的完整的学习材料见官网 https://docs.xarray.dev/en/stable/index.html。

2.4.1　DataArray 和 DataSet 数据结构

Xarray 的基础数据结构包括 DataArray 和 DataSet 两种。DataAarry 就是自带了坐标信息的矩阵数据。使用 xarray.DataArray 函数可以在 numpy 数组的基础上，加上坐标维度和坐标值的信息，便可创建 DataArray 变量。例如：

In[57]　▶
```
import xarray as xr
data = np.arange(6).reshape(2,3)
temp = xr.DataArray(data,dims=('lon', 'lat'),
        coords={'lon': [110, 120],"lat":[20,30,40]})
temp
```

Out[57]：　xarray.DataArray　**(lon: 2, lat: 3)**

🗃 array([[0, 1, 2],
　　　　　[3, 4, 5]])

▼ Coordinates:

lon	(lon)	int32	110 120	📄🗃
lat	(lat)	int32	20 30 40	📄🗃

▶ Attributes:　(0)

如果需要在一个数据结构中包含多个要素场，可以将多个 DataArray 打包到一个 DataSet 当中，并通过字典给每个场命名。方法如下：

In[58]　▶
```
rh = xr.DataArray(np.arange(3),dims=('lat'),
    coords={"lat":[20,30,40]})
dataset = xr.Dataset({"rh":rh,"temp":temp})
dataset
```

Out[58]：　xarray.Dataset

▶ Dimensions:　　　　**(lat: 3, lon: 2)**

▼ Coordinates:

lat	(lat)	int32	20 30 40	📄🗃
lon	(lon)	int32	110 120	📄🗃

▼ Data variables:

rh	(lat)	int32	0 1 2	📄🗃
temp	(lon, lat)	int32	0 1 2 3 4 5	📄🗃

▶ Attributes:　(0)

如果要从 DataSet 中取出一个要素场，只需用要素名称来提取：

In[59]　▶　`dataset["temp"]`

Out[59]：　xarray.DataArray　**'temp'　(lon: 2, lat: 3)**

🗃 array([[0, 1, 2],
　　　　　[3, 4, 5]])

▼ Coordinates:

lat	(lat)	int32	20 30 40	📄🗃
lon	(lon)	int32	110 120	📄🗃

▶ Attributes:　(0)

DataArray 数据结构中包含数据内容、维度、坐标和描述性信息，它们分别存储在 values、dims、coords 和 attrs 等属性中，可以用如下方法提取：

In[60]　▶　`dataset["temp"].values`

Out[60]：　array([[0, 1, 2],
　　　　　[3, 4, 5]])

```
In[61]    ▶    dataset. dims
Out[61]:   Frozen({'lat': 3, 'lon': 2})
```

```
In[62]    ▶    dataset. coords
Out[62]:   Coordinates：
              *  lat          (lat) int32 20 30 40
              *  lon          (lon) int32 110 120
```

```
In[63]    ▶    dataset. coords["lon"]. values
Out[63]:   array([110，120])
```

```
In[64]    ▶    dataset. attrs
Out[64]:   {}
```

起初 DataArray 的 attrs 属性是一个空的字典，可以根据字典的使用方法对其中的内容进行修改：

```
In[65]    ▶    dataset["temp"]. attrs["unit"] = "℃"
              dataset["temp"]. attrs
Out[65]:   {'unit': '℃'}
```

2.4.2　数据选取

DataArray 的 values 属性是一个 NumPy 数组，可以使用 NumPy 的语法规则进行索引和修改：

```
In[66]    ▶    temp = dataset["temp"]
              a = temp. values[:,-1]
              a *= -1
              print(a)
              temp
Out[66]:   [-2 -5]
```

xarray.DataArray 'temp' (lon: 2, lat: 3)

```
array([[ 0,  1, -2],
       [ 3,  4, -5]])
```

▼ Coordinates:

| lat | (lat) | int32 | 20 30 40 |
| lon | (lon) | int32 | 110 120 |

▼ Attributes:

unit :　　　　　℃

从上面的示例可见，从 values 属性中索引出一部分数据进行修改后，原始的 DataArray 也会随之变化。如果希望修改后不影响原数据，可以在修改前用类似 In[51]中的方法拷贝一份。利用 NumPy 的索引方法从 values 提取数据有时非常方便，但在数据分析时经常需要根据数据的时空范围来选取，这时如果还将时空范围转换成数组的索引就有点麻烦了，为此

xarray提供了多种根据数据的坐标进行选取的方式。本书以下只简述其中的两种,示例如下:

In[67] ▶
```
temp_1 = temp. sel(lon =110)
temp_1
```

Out[67]:

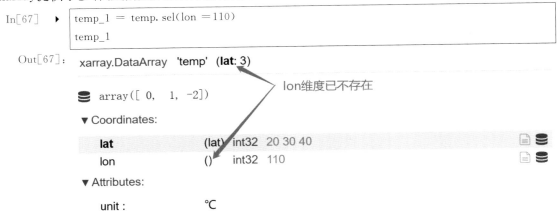

temp 的 lon 坐标包含 110 和 120 两种取值,上面的示例中选取了 lon=110 的一部分,所得数据还是 DataArray 数据结构,需要注意,选取之后,维度 lon 没有了,坐标 lon 的长度也变为 0 了。如果希望选取后数据的维度仍然保持不变,可以用如下方式进行选取:

In[68] ▶
```
temp_2 = temp. isel(lon = slice(0,1))
temp_2
```

Out[68]:

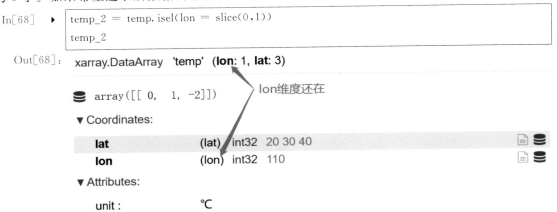

2.4.3　NetCDF 和 Grib 文件读取

大部分情况下,使用 xarray 时数据来源于数据文件。使用 open_dataset 可以非常方便地读取 NetCDF 格式的文件。

In[69] ▶
```
filename = r"D:\book\test_data\input\wind. nc"
dataset1 = xr. open_dataset(filename)
dataset1
```

Out[69]:　xarray.Dataset

▶ Dimensions:　　　　(**lonS**: 721, **latS**: 561, **time**: 1)

▼ Coordinates:

lonS	(lonS)	float32	60.0 60.12 60.25 ... 149.9...
latS	(latS)	float32	60.0 59.88 59.75 ... -9.87...
time	(time)	datetime64[ns]	2021-04-06

▼ Data variables:

u10	(time, latS, lonS)	float32	...
v10	(time, latS, lonS)	float32	...
name	()	object	...

▶ Attributes:　(0)

open_dataset 也能读取 Grib 格式文件,但需要使用到 cfgrib 包,而 cfgrib 包又依赖 eccodes包。为此,在使用前首先需要安装这两个包,安装方式为:

conda install -c conda-forge eccodes

conda install -c conda-forge cfgrib

安装之后需要设置环境变量,在 Windows 的环境变量配置窗口的"系统变量"点击"新建系统变量",设置内容示例:

变量名:ECCODES_DEFINITION_PATH

变量值:C:\program1\anaconda\Library\share\eccodes\definitions

安装之后 matploblib 包可能会被更改导致报错,若遇到此种情况请卸载 matplotlib 后再重新安装 matploblib. 包,完成依赖包安装后可以用如下方式读取 Grib 数据:

In[70]　▶
```
path = r"D:\book\test_data\input\era5-levels-members. grib"
dataset2 = xr. open_dataset(path, engine = "cfgrib",
                           backend_kwargs={"indexpath": ""})
dataset2
```

Out[70]:　xarray.Dataset

▶ Dimensions:　　　　(**number**: 10, **time**: 4, **isobaricInhPa**: 2, **latitude**: 61, **longitude**: 120)

▼ Coordinates:

number	(number)	int32	0
time	(time)	datetime64[ns]	2
step	()	timedelta64[ns]	..
isobaricInhPa	(isobaricInhPa)	int32	8
latitude	(latitude)	float64	9
longitude	(longitude)	float64	0
valid_time	(time)	datetime64[ns]	..

▼ Data variables:

z	(number, time, isobaricInhPa, latitude, lon...	float32	..
t	(number, time, isobaricInhPa, latitude, lon...	float32	..

▶ Attributes:　(7)

在读取 Grib 文件时默认会生成一个索引文件，位置和 grib 数据在同一目录，如果 Grib 数据所在目录是只读的，那就可能出错。参数 indexpath 是用于指定生成的索引文件的位置，避免上述可能错误，当 indexpath 设置为" "时，就不会生成索引文件。

2.5　基础绘图库——MatplotLib

Matplotlib 是 Python 的绘图库，它能让使用者很轻松地将数据图形化，并且提供多样化的输出格式。Matplotlib 可以用来绘制各种静态、动态、交互式的图表。在气象领域有许多更为专用的绘图软件，包括 MetDig 和 MetPy 等。此外，MetEva 也提供了一些便捷绘图功能，但 Matplotlib 仍是 Python 绘图的基础，理解和熟悉 Matplotlib 对更好地使用其他绘图包很有帮助。Matplotlib 的功能用法非常丰富，远非本书用一小节所能涵盖，本书只是对其中少数最基础的功能和几个在应用中容易混淆的概念加以展示说明。

2.5.1　绘图入门

曲线图和柱状图是最简单的一类绘图问题，以下是一段曲线图的代码：

In[71] ▸

```python
import matplotlib.pyplot as plt
plt.rcParams['font.sans-serif']=['SimHei']  #用来正常显示中文标签
plt.rcParams['axes.unicode_minus']=False  #用来正常显示负号
x = np.arange(1,11,1)
y = x**2
plt.plot(x,y,color = "r", linestyle = "--",marker = 'o')
plt.xlabel("时效")
plt.ylabel("均方根误差")
plt.title("均方根误差随时效变化")
plt.grid()
plt.savefig(r"D:\book\test_data\output\Out2.71.png")
```

Out[71]:

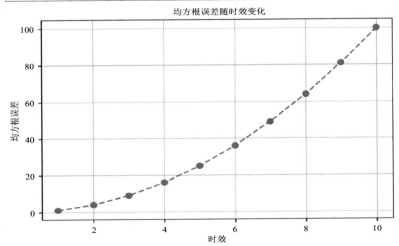

通过上面的示例代码,我们首先了解了 Matplotlib 绘图包中最常用的模块 pyplot。在用 Python 编程时,大家都习惯将 pyplot 导入并简写为 plt。接下来代码中的 plot、xlabel、ylabel、title、grid 和 savefig 等都是 plt 模块的具体函数功能,它们分别实现绘制曲线与添加横坐标、纵坐标、标题、网格线和输出图片到文件中。在 plt.plot 函数的输入参数中,除了曲线对应的数据,还有 color、linestyle 和 marker 设置曲线的颜色、线型和标记类型。另外,当绘图元素中需要用到中文和负号时,需参考使用上述示例中的 plt.rcParams 函数进行设置,否则会显示乱码。

2.5.2　Fig 和 Axes

若需要绘制更为定制化的图形,需要了解 Figure、Axes 和 Axis 等概念。Matplotlib 中 Figure 对象是画布,其中包含了图片宽度、高度和 dpi 等属性。Axes 是轴域,也可称为绘图框,2D 绘图时一个 Axes 对象包含两个 Axis(坐标轴),3D 绘图时包含 3 个坐标轴。折线、横坐标和标题等具体的图形元素都需要依托 Axes 对象的功能函数来实现。在上一节示例中,plt.plot 函数在执行时实际上是获取当前的 Axes 对象后,再以 Axes 对象的 plot 函数来画图的。Plt.savefig 也是调用 Figure 的 savefig 函数来实现图片输出的。下面的代码中绘图都使用 Figure 和 Axes 对象的函数来实现,效果和上一节的代码一样。

In[72] ▶

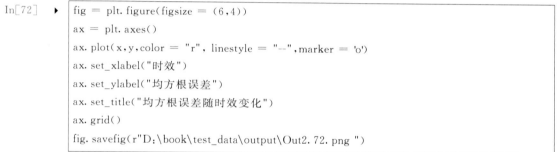

```
fig = plt.figure(figsize = (6,4))
ax = plt.axes()
ax.plot(x,y,color = "r", linestyle = "--",marker = 'o')
ax.set_xlabel("时效")
ax.set_ylabel("均方根误差")
ax.set_title("均方根误差随时效变化")
ax.grid()
fig.savefig(r"D:\book\test_data\output\Out2.72.png ")
```

Out[72]:

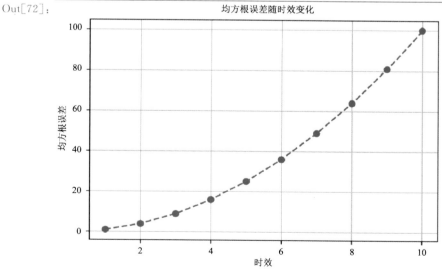

上面两个示例中,设置 X 轴名称的函数略有差异:一个是 plt.xlabel(),另一个是 ax.set_xlabel(),其他一些属性也有类似的差异,使用时注意查阅文档。另外,在示例中,一个画布中

只有一个画图框,因此,用 plt 和 axes 来调用绘图函数功能是完全一样的。但实际上,在一个画布中可以有多个绘图框,并且不同绘图框可以重叠。用 plt 函数绘图时需要注意当前绘图框具体是哪个,避免将图形元素绘制到错误的绘图框中,而用 axes 对象来操作绘图函数会更为直接。在上面的示例中,axes 对象相对画布的位置是被自动确定的,用户也可以用下面的方式精确地设置 axes 对象相对于画布的位置：

In[73] ▶
```
fig = plt.figure(figsize = (6,4))
ax = plt.axes([0,0,0.7,0.4]) # 左下角 x,左下角 y,宽度,高度
ax.plot(x,y,color = "r", linestyle = "--",marker = 'o')
ax.set_xlabel("时效")
ax.set_ylabel("均方根误差")
ax.set_title("均方根误差随时效变化")
ax.grid()
fig.savefig(r"D:\book\test_data\output\Out2.73.png")
```

Out[73]:

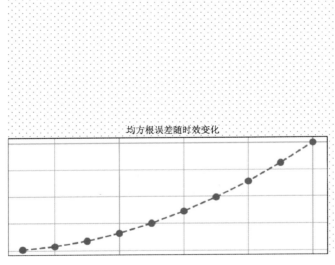

从上面的示例可以看到,图形的横坐标和纵坐标等信息由于在画布的范围之外了,所以无法显示。从这个示例也可以看出,axes 的位置是以画图坐标框的顶点位置来确定的,不是由包含 xlabel、ylabel 等所有元素在内的实际范围决定。

2.5.3 subplot 和 subplots

在使用 Matplotlib 绘制包含多个子图的图形时,会使用到 subplot 或 subplots 函数,由于两者函数名和功能都相近,因此,容易让人混淆。为了辨别两者,需要记住的关键差别是：前者返回一个绘图框,后者返回多个绘图框。下面通过具体示例来说明：

In[74]　▶
```
ax1 = plt. subplot(2,2,1)
ax1. plot(x,y)
ax2 = plt. subplot(2,2,4)
ax2. plot(x,y)
plt. savefig(r"D:\book\test_data\output\Out2. 74. png")
```

Out[74]：

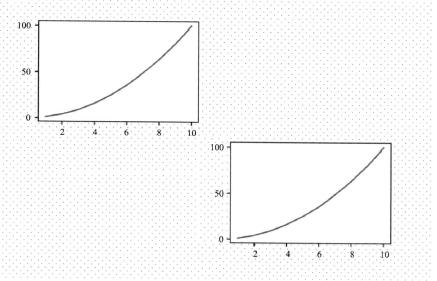

In[75]　▶
```
fig,axs = plt. subplots(2,2) #
axs[0,0]. plot(x,y)
axs[1,1]. plot(x,y)
fig. savefig(r"D:\book\test_data\output\Out2. 75. png ")
```

Out[75]：

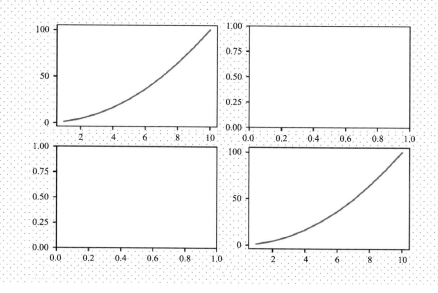

在示例[74]和示例[75]中都设置了 2×2 的绘图布局，但是在示例[74]中调用的是 sub-plot 函数，一次只生成一个绘图框，一共生成了 2 个绘图框，左下角和右上角是空的。而示例[75]中调用 subplots 时直接生成了多个绘图框，它们存在于一个 Axes 的数组里，可以通过索引获得具体的绘图框，并在其中添加内容，但即使绘图框不添加任何内容，它们也会显示在画布上。

第2篇

入门篇

第 3 章　MetEva 的系统设计

　　开车的人并不都需要知道汽车的构造和工作的原理,人们主要关注的是汽车提供的各项功能和使用方法。然而,对功能背后原理的学习并非没有价值,相反它能够帮助人们更好地掌握工具的使用要领,正如车技高超的司机通常熟悉车辆工作原理。对于本书的大部分读者来说,翻开此书的目的是了解 MetEva 提供的功能,以便在检验工作中加以应用。同样的道理,了解 MetEva 的设计原理也对使用其中各项功能很有帮助。对于未来需要基于 MetEva 进行检验评估系统研发的读者来说,掌握本章的内容则是必须的。

　　相比于其他章节,本章的内容较为抽象,为了辅助读者的理解,在表述分析时增加了一些生活化的类比。它们未必足够准确,但具有一定的启发性。对于此前不经常编写检验评估代码的读者,若仍觉得本章的内容过于抽象,也可以考虑先跳过本章,在学习后续章节内容并进行相关实践后重新阅读本章内容。

3.1　研发 MetEva 的必要性

　　预报检验和评估对气象预报发展的作用不言而喻。天气预报研究型业务对检验评估也提出了更高的要求,检验不仅限于统计一组评分指标,而是希望通过检验分析发现预报偏差的规律或特征,揭示制约预报改进的原因,找到改进预报的方法。检验评估并不存在复杂的算法和难解的方程,然而,从事过检验评估工作的人都能知道达到该要求非常不易。它的难点在于预报检验的对象是包含多维时间和空间的观测预报大数据集,规律性的预报偏差和偶然发生的错误淹没在海量数据中很难被发现。因此,要开展充分的精细化的检验评估,需要更好的检验工具或系统的支持。

　　当前,国家级、省级和地市级气象部门也大都根据自身业务内容建成了相应的检验评估系统(姚文 等,2010;杨辉 等,2014;杨阳 等,2017,韦青 等,2019),其中许多具有非常丰富的检验功能。例如,国家气象中心研发的"天气预报业务检验评估系统",具有 11 类 60 项不同的检验功能,在其中能查询到不同省份、年份、月份、时刻各类预报的检验指标。现有的检验评估系统已经非常丰富,甚至有些种类过于繁多,建设一套全流程通用的检验评估程序库主要包括以下两个方面原因。

　　(1)现有检验系统大多从底层检验算法开始搭建,导致建设成本高,每个检验系统集成的检验功能较少。

　　(2)虽然有些部门的检验系统功能丰富,但不同部门的检验系统的统计检验结果缺乏可对比性,同时也无法满足各种精细化的(或个性化的)的检验需求。

　　2007 年,美国国家大气研究中心(National Center for Atmospheric Research,NCAR)数

值预报发展试验中心（Developmental Testbed Center，DTC）开发了检验工具库（model evaluation tools，MET），集成了站点检验、格点检验和空间检验等功能（Brown et al.，2021）。MET 不足之处在于灵活性较差不适应国内业务环境，基于它不方便开展分季节、分地域或者分影响系统的精细化检验评估，同时还存在计算效率较低和学习成本较高的问题（潘留杰 等，2016）。目前，国内气象部门一些单位基于 MET 搭建了检验评估系统，虽然也节省了部分开发成本，但是也同样无法满足多样化的检验需求。

面对现有系统无法满足的精细化检验需求，就需要编写针对性的检验程序来实现。在没有通用检验程序库的情况下，从头开始编写一段针对性检验程序，通常要几十行到上百行的程序库量，采用这种方式开展检验工作的效率可想而知。低效率不仅意味着完成时间拉长，还会导致连贯的检验分析思路无法形成，让我们无法对预报偏差做穷根问底的分析。

为了更加便捷高效地开展精细化的检验评估，首先必须克服各自为战和重复建设的问题，研发一套通用的检验程序库。为此，2019 年国家气象中心组织研发了天气预报全流程检验评估程序库（meteorological evaluation program library，MetEva），并通过 PyPI 开源发布，让全国气象部门共享开发成果。

3.2 MetEva 的设计目标

MetEva 是一款采用 Python 语言开发的软件工具，旨在为"从数值模式、精细化网格预报产品研发到预报产品应用"的天气预报产品制作的全流程提供检验技术支持。具体的目标包括以下两部分。

MetEva 第一个设计目标是检验评估算法的全流程覆盖。MetEva 要覆盖不同预报制作流程和环节所需的检验算法，以提升各环节（或部门）的检验评估程序（系统）的开发效率。

MetEva 第二个设计目标是检验评估结果的可对比性。MetEva 按照检验规范提供统一的数据处理流程、检验算法和结果呈现形式，保证检验评估的数据样本和算法的一致性，使不同业务部门或不同流程和环节的预报产品的检验结果具有可对比性，从而评估不同环节对最终预报准确率的贡献。

3.3 检验评估程序的复用难题

目前，已有不少包含检验功能的开源程序库，例如，机器学习领域常用库 Scipy 就提供了平均误差、平均绝对误差和相互作用特征（the relative operation characteristic，ROC）等检验函数，检验算法库 PyForecastTools 中也包含 ts 评分、空报率和漏报率等检验函数。但将这些通用的检验算法应用到具体的检验任务时，并不能明显提升程序库开发的效率。下面结合一个具体的实例加以说明。

例如，针对 2021 年 24 h 时效内逐 3 h 的 2 m 温度预报，有两项不同的检验任务：

检验任务 1：统计 5—8 月温度预报均方根误差的日变化（图 3.1）；

检验任务 2：统计每日 14 时温度预报均方根误差的四季变化（图 3.2）。

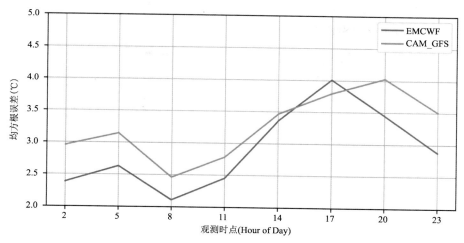

图 3.1　模式的 2 m 温度预报均方根误差随观测时点的变化,数据样本包括 2021 年 5—8 月的 08 时和
20 时起报的 0～24 h 时效内的预报

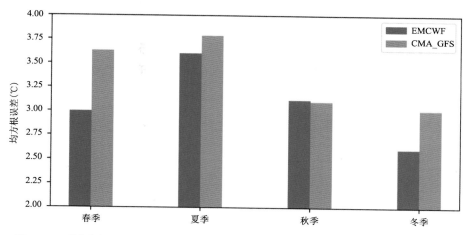

图 3.2　不同季节的模式 2 m 温度预报均方根误差,数据样本包括 2021 年全年逐日的
08 时和 20 时起报的 0～24 h 时效内的预报

　　针对检验任务 1,需要将预报样本按照预报对应的观测时点(Hour_of_Day,例如,02 时、05 时、08 时、…、23 时等)进行分类检验;针对任务 2,需要将预报样本按照月份进行分类检验。为此,设计了图 3.3 所示的计算流程。

　　从流程图可以看出,两项检验任务的程序流程有一部分相同的模块,例如,读入观测和预报数据,计算检验指标的部分,但流程的整体结构是不同的。在检验任务 1 对应的计算流程中,包含了 3 层循环,最外层是循环不同的观测时点,在其内部的两层循环是用于收集具有相同观测时点的所有时间和时效段内样本。在最内层的循环中,需要根据每个预报数据文件的时间和时效,匹配上相应的观测时间的文件。在检验任务 2 对应的计算流程中,最外层是循环不同的季节,在其内层循环中根据季节确定月份、日期,读取不同时效的预报和对应的观测。以下是关于检验任务 1 和检验任务 2 的完整代码,为了方便阅读,通过注释将代码都划分成了

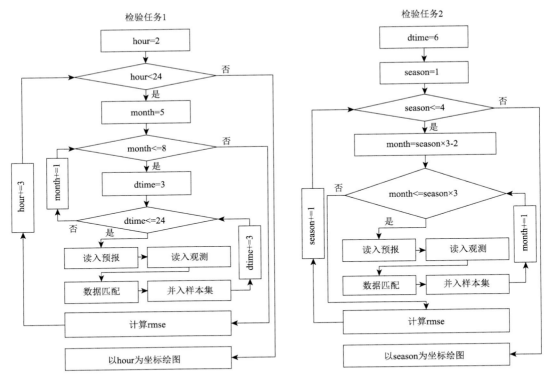

图 3.3　两项温度预报检验任务对应的计算流程

4 个部分：依赖包导入、基本参数设置、分类读取数据及检验计算、图形绘制，并逐行添加了中文注释。

```
1    # 检验任务 1 的完整代码
2    ############################# part1：依赖包导入 ##########
3    import numpy as np
4    import pandas as pd
5    import xarray as xr
6    import matplotlib. pyplot as plt
7    import os
8    plt. rcParams['font. sans-serif']=['SimHei']                    # 用来正常显示中文标签
9    plt. rcParams['axes. unicode_minus']=False                     # 用来正常显示负号
10   import datetime                                                # Python 自带的时间处理函数：
11   ############################# part2：基本参数设置 ##########
12   dir_root = r"D:\book\test_data\input"                         # 设置测试数据路径根目录
13   station_file = dir_root + r"\station1. txt"                   # 设置站点信息文件路径
14   station = pd. read_csv(station_file,skiprows = 3,sep = "\s+",header = None,
15                          names=["id","lon","lat","alt","data0"])    # 读取站点信息
16   id_list = station["id"]. values. tolist()                     # 提取站点列表
17   ############################# part3：分类读取数据及检验计算 ##########
18   rmse_array = np. zeros((8,2))                                 # 用于存储两个模式不同观测时点对应的检验结果
```

对于统计预报偏差日变化和季节变化这类不复杂的算法需求,落实成具体的代码也需要大约 70 行。由于程序复用性差,导致每切换一种检验分析的视角都需要较大的编程工作量。另外,新的程序运行需要重新读取数据,通常耗时很长。

3.4　MetEva 基础数据结构

通过上面的实例,我们看到要提升检验程序的可复用性,仅仅将检验算法部分进行封装是不够的,必须做到更高层面的模块化。传统检验程序因为包含不同的分支和循环结构,导致程序难以模块化。实际上,分支和循环结构的作用是组织数据,表达观测和预报数据的分类和匹配关系。要避免复杂的分支和循环结构,就必须找到实现这些功能的其他方式。

在给出 MetEva 的解决方案之前,先讨论一类社会生活中的情景问题。在公民身份证得以应用之前,一些生活中的法规(例如,结婚最低年龄要求等)要怎样执行?由于没有统一的身份证,每个人的年龄等信息只能通过当事人周围的其他人来证实。如果一对伴侣不是在出生地办理结婚登记,就需要通过层层开具证明函的方式向婚姻登记机构提供他们的年龄。在这个场景中,当事人出生地的周围人是其身份信息的生成者,婚姻登记机构是身份信息的使用者,层层开具的证明函是实现跨部门或跨地域信息传递的手段。由于这种证明函是根据具体需求开出的,因此,通常是一次性的。在身份证得以广泛使用之后,类似问题就得以轻松解决,当事人只要办理了身份证,并随身携带它,去任何机构办理有年龄要求的事务都只需出示身份证。

回到检验程序的问题,可以和上面的生活问题做个类比。传统的检验程序中,数据源包含了观测和预报数据的分类和匹配关系,这些关系由数据的时空坐标决定,但数据被提取后与它的坐标分离了,导致数据之间的关系无法由自身表达。而循环和分支结构则扮演介绍信的角色,它构建和传递了数据之间的关系,使得检验算法得以正确执行。至此,检验程序复用难题的解决方案已经一目了然了,那就是要让数据始终携带着必要的坐标信息。

通过对各类场景需求的梳理,总结出检验分析涉及的数据核心信息,包括数据的时间、时效、空间坐标以及数据的名称。考虑到站点数据的经纬度坐标可能不够精确,使用站号能够更加准确地代表站点对象,因此,站号也是站点数据的核心信息。据此,MetEva 设计了一套统一的包含完整时空信息的数据结构,包括站点数据和网格数据两种,具体如下。

站点数据:如图 3.4 所示,采用 pandas. Dataframe 表格(https://pandas. pydata. org/)作为基础数据结构。表格中的每一行记录一个时空坐标点上的预报和观测。表格可横向划分为坐标信息和数据两部分。坐标信息有 6 列,依次为 level、time、dtime、id、lon 和 lat,分别为数据样本的层次、起报时间、预报时效、站号、站点经度和站点纬度,其中,观测数据的预报时效设为 0。数据部分从第 7 列开始,一种数据置于一列,列名代表数据的名称。

网格数据:如图 3.5 所示,采用带有 6 维坐标信息的 xarray. DataArray 矩阵(http://xarray. pydata. org/)作为基础数据结构。维度次序为 member、level、time、dtime、lat 和 lon,分别记录预报或观测数据名称、垂直层次、起报时间、预报时效、纬度和经度信息,其中,水平方向为等经纬度坐标。数据内容部分采用 6 维的数组记录。

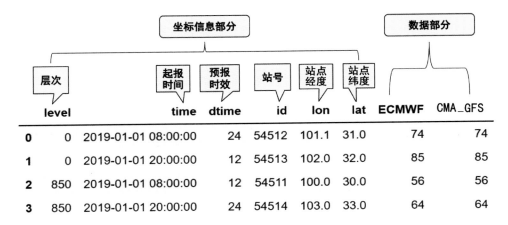

图 3.4　站点数据结构

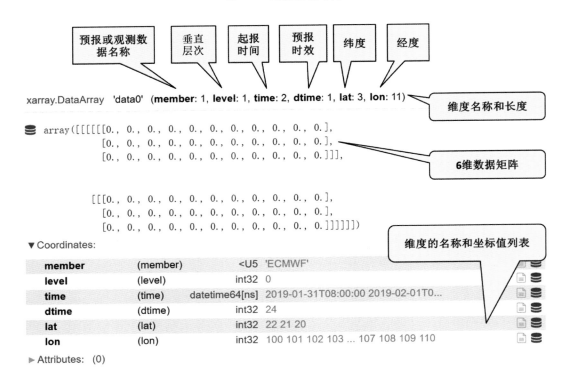

图 3.5　网格数据结构

3.5　基于 MetEva 的检验评估流程

基于上一节提到的包含完整时空信息的统一数据结构，观测和预报数据始终能够携带其坐标信息，在检验算法流程中就不再需要用循环和分支结构来表达数据之间的关系。为此对于大部分的检验程序可以使用如图 3.6 所示的模块化的计算流程。该流程包括数据整理和检验分析两大步骤。其中,数据整理步骤包括观测数据读取和拼接,预报数据读取、插值和拼接及数据匹配部分。检验分析步骤依次包括样本选取、样本分组、检验计算和结果输出 4 个步骤,通过调整其中的参数来完成不同的检验任务。

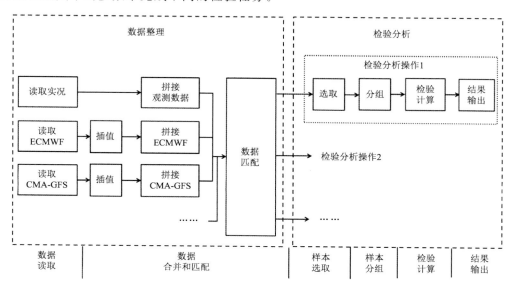

图 3.6　基于 MetEva 的检验程序流程

对于图 3.6 中每个步骤,MetEva 提供的功能函数都采用上述统一数据结构作为输入和输出,因此,观测和预报数据的完整时空信息在计算流程中被保留。基于数据中的时空信息,可以封装出插值、匹配、选取、分组等各种功能函数。如果输入数据不包含时间信息,就无法根据时间对数据样本进行分组,此时分类检验就需要通过复杂的循环和条件判断语句来实现。

针对第 3.3 节提到的两项检验任务,它们的数据整理程序可以完全一致,即读取全国范围内 2021 年全年逐 3 h 的观测和预报数据,并完成匹配。在检验分析步骤,两项任务所需的函数功能也完全一致,只是调用参数有所差异。检验任务 1 的选取参数是月份属于集合[5,6,7,8],分组参数是观测时点。检验任务 2 的选取参数是时效等于 6,分组参数是月份,并指定将月份划分到季节的参数。基于模块化流程完成两项检验任务的代码实现将在第 4 章详细阐述。

在图 3.6 所示的流程图中,各预报数据的收集模块是并列关系,可以任意增删预报数据。各检验分析模块也是并列关系,也可任意增删,且它们可以共用数据整理的结果,避免重复收集数据。

3.6　MetEva 的系统架构

在上一节给出的模块化的检验计算流程中,包含了完整的检验评估所需的 6 个步骤:数据读取、数据合并和匹配、样本选取、样本分组、检验计算和结果整合输出。MetEva 就是围绕这 6 个不同的步骤,集成了各种功能函数,满足不同场景下的需求。

MetEva 将开发的各类功能函数按照分层架构的方式组织在一起,具体可分为基础层和功能层(图 3.7)。其中,基础层包含基础函数库和检验算法库,功能层包括数据预处理模块和检验分析模块。基础函数库是提供数据处理和绘图的基本功能,它可用于检验但又不限于检验,具体包括提供数据结构定义、数据读写、数据选取、数据分组、插值和图形绘制等功能;检验算法库仅提供和检验有关的功能;数据预处理模块是基于基础函数库封装的数据整理的应用;检验分析模块则基于整理后的数据进行检验计算和图表绘制。功能层依赖于基础层,但同一层的各功能采用模块化设计,直接依赖关系弱,方便扩展。

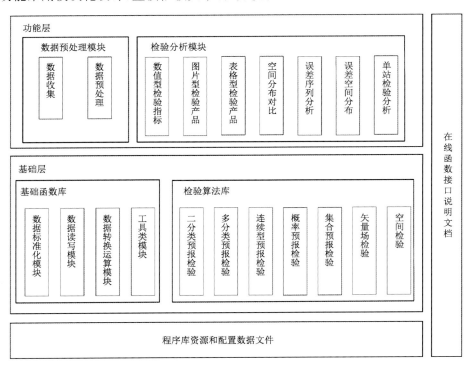

图 3.7　MetEva 的模块及分层结构示意图

第 4 章　MetEva 入门

MetEva 不提供可视化的操作界面,用户需要编写 Python 程序调用相应的功能函数,因此具有一定的使用门槛,好在前面提到基于 MetEva 的检验程序是模块化的,容易上手且具有可复用性。基于 MetEva 的检验程序,都可以划分为数据整理和检验分析两大模块,本章将通过一些示例代码来说明如何编写模块化的检验程序。

4.1　数据整理

由于检验需要读取大批量数据,受到读写速度的限制,数据整理部分的程序运行时间占大部分。若数据整理的范围过大,显然需要耗费更多的计算资源和时间,但若整理的数据不能覆盖后续的检验需求,则要扩大范围重新运行整理程序,这需要耗费更长的时间。为了更有条理更有效地完成数据整理,我们也可以借助流程化的步骤,具体包括:

步骤 1:梳理检验评估的需求。例如,本章将通过对温度预报的检验示例来展示常规检验功能的用法,具体内容包括分析对比不同模式的预报误差、对比不同时效的预报误差、对比检验指标的季节变化、日变化和空间分布、分析模式对要素演变过程的描述能力、偏差和稳定性等。

步骤 2:对照需求盘点观测和预报数据。例如,根据第 3 章中介绍的示例数据,可知具备的温度预报包括如下相关数据。

观测数据:2021 年 1 月 1 日 08 时—2022 年 1 月 1 日 23 时的逐 3 h。

预报数据:2021 年 1 月 1 日—2021 年 12 月 31 日每日 08 时和 20 时起报的 0~48 h 时效逐 3 h 预报。预报数据的网格为 115.25°—117.5°E,39.25°—41.25°N,间距为 0.25°。

若已有数据尚不能覆盖所有的检验需求,则需要收集更多数据或调整检验需求。若准备的数据完全能覆盖所有的检验需求,也可以考虑扩大整理数据的范围,以应对未来可能增加的需求。例如当前的需求是检验最近一个月的预报评分,但系统中容易读取到多年的数据,则可以考虑将多年数据一并整理,未来增加对预报技巧的年际变化的检验就非常方便。

步骤 3:编写具体的代码。基于 MetEva 的检验程序具有很高的可复用性,因此实践中不必从头编写程序,完全可以在现有的数据整理代码基础上修改,若暂未积累相关代码,可以先从 MetEva 在线文档网址的入门示例一页中拷贝。

本书以下通过具体的示例代码(图 4.1)对数据整理程序加以说明。图 4.1 中主体部分是 Python 程序代码(绿色字体部分为数字和 Python 语法关键词,橙色字体部分为字符串,黑色字体部分为普通语句)及注释(♯号后蓝色字体部分)。红色下划线标注的是 MetEva 基础函数库中的功能函数,右侧标注的是程序模块划分。图 4.1 中主要的代码包括实况数据整理、

ECMWF模式预报数据整理、CMA_GFS模式预报数据整理和数据匹配等模块。

```
1   import meteva.base as meb          # 导入MetEva中的基础函数模块
2   import datetime
3
4   time_begin= datetime.datetime(2021, 1, 1, 8, 0)
5   time_end = datetime.datetime(2022, 1, 1, 8, 0)
6   station = meb.read_stadata_from_micaps3(r"\D:\book\test_data\input\station1.txt") # 读取站点信息表
7
8   dir_ob = r" D:\book\test_data \input \OBS_with_noise\TMP_2M\YYYYMMDD\YYYYMMDDHH.txt"
9   sta_list = []
10  time0 = time_begin
11  while time0 < time_end:
12      path = meb.get_path(dir_ob,time0)    # 基于模板和时间生成观测数据路径
13      sta = meb.read_stadata_from_micaps3(path,station = station,time = time0,dtime = 0,level = 0,data_name = "OBS")
14      if sta is not None:
15          sta_list.append(sta)
16      time0 += datetime.timedelta(hours = 3)
17  ob_sta_all = meb.concat(sta_list)          #将观测数据列表拼接成一个DataFrame
18
19  dir_ec = r"D:\book\test_data \input \ECMWF\TMP_2M\YYYYMMDD\YYMMDDHH.TTT.nc "
20  sta_list =[]
21  time0 = time_begin
22  while time0 < time_end:
23      for dh in range(0,49,3):
24          path = meb.get_path(dir_ec,time0,dh)    # 基于路径模板，时间和时效生成预报数据路径
25          grd = meb.read_griddata_from_nc(path,time = time0,dtime = dh,level = 0,data_name = "ECMWF")
26          if grd is not None:
27              sta = meb.interp_gs_linear(grd,station)    #将数据插值到站点
28              sta_list.append(sta)
29      time0 += datetime.timedelta(hours = 12)
30  ec_sta_all = meb.concat(sta_list)            #将ECMWF预报数据列表拼接成一个DataFrame
31
32  dir_cmagfs = r"D:\book\test_data \input \CMA_GFS\TMP_2M\YYYYMMDD\YYMMDDHH.TTT.nc "
33  sta_list =[]
34  time0 = time_begin
35  while time0 < time_end:
36      for dh in range(0,49,3):
37          path = meb.get_path(dir_cmagfs,time0,dh)    # 基于模板，时间和时效生成预报数据路径
38          grd = meb.read_griddata_from_nc(path,time = time0,dtime = dh,level = 0,data_name = "CMA_GFS")
39          if grd is not None:
40              sta = meb.interp_gs_linear(grd,station)    #将数据插值到站点
41              sta_list.append(sta)
42      time0 += datetime.timedelta(hours = 12)
43  cmagfs_sta_all = meb.concat(sta_list)        #将CMA-GFS预报数据列表拼接成一个DataFrame
44
45  sta_all = meb.combine_on_obTime_id(ob_sta_all,[ec_sta_all,cmagfs_sta_all],need_match_ob=True)
46  sta_all.to_hdf(r"D:\book\test_data\sta_all_tmp2m.h5","df")    # 将整理好的数据输出到文件中
```

实况读取和拼接

ECMWF模式预报的读取、插值和拼接

CMA_GFS模式预报的读取、插值、拼接

数据匹配

图 4.1　基于 MetEva 的检验数据收集程序示例和相关说明

　　本章的观测数据是以 MICAPS 第 3 类文本格式存储,每个文件中存储着同一时刻多个站点的观测。为此,在观测数据整理模块中,通过一层循环读取所有时刻的实况数据,首先利用 meb. get_path 函数获取不同时刻的文件路径,然后使用函数 meb. read_stadata_from_micaps3 读取,并将读入的数据统一到同一站点表(station)上。每个时刻的数据首先被添加到一个列表中(第 15 行),然后通过 meb. concat 拼接成 1 张数据表(ob_sta_all)(第 17 行)。第 15 行中 append 相当于把很多块布丢进一个大箩筐里,第 17 行中 concat 相当于把大箩筐里的布缝在一起。需要注意的是,在读取数据时,必须同时设置数据的时间(time)、层次(level)和数据名称(data_name),目的是为读入的数据设置完整的坐标信息。

本书中 EMCWF 模式预报样例数据是以 NetCDF 格式存储的,每个文件中存储着一个起报时间和一个预报时效的水平网格数据。为此,在预报数据整理模块中,首先通过一层循环遍历不同的起报时间,另一层循环遍历所有时效,循环内部利用 meb. get_path 函数获取不同时间和不同时效的文件路径,读取的方法就是选用功能函数 meb. read_griddata_from_nc。为了和观测对应,通过 meb. interp_gs_linear 函数将预报插值到站点上。不同时间时效的预报数据被添加到一个列表中,再通过 meb. concat 拼接成 1 张数据表(ec_sta_all)。同样,读取预报时需要设置读入数据的时间、时效、层次和数据名称。CMA_GFS 模式预报数据的存储格式和 ECMWF 类似,因此,可以拷贝 ECMWF 数据整理的代码,更改读入文件路径和数据名称即可。

在完成观测和预报数据收集后,最终通过 meb. combine_on_obTime_id 函数将观测和预报数据进行匹配,得到匹配好的观测和预报数据表。为了方便后续使用,还可以将匹配好的数据表输出到文件当中。在开展检验分析前可以通过 pandas 的 read_hdf 函数重新加载整理好的数据表,函数用法如下:

In[2] ▶
```
import numpy as np
import pandas as pd
sta_all = pd. read_hdf(r"D:\book\test_data\sta_all_tmp2m. h5")
sta_all ♯打印数据表的内容
```

Out[2]:

	level	time	dtime	id	lon	lat	OBS	ECMWF	CMA_GFS
0	0	2021-01-01 08:00:00	0	54398	116.62	40.13	−11.3	−9.19664	−6.44336
1	0	2021-01-01 08:00:00	0	54399	116.28	39.98	−8.0	−9.52672	−6.16912
2	0	2021-01-01 08:00:00	0	54406	115.97	40.45	−13.9	−13.51120	−10.93760
3	0	2021-01-01 08:00:00	0	54410	116.13	40.60	−14.5	−15.46480	−11.09680
4	0	2021-01-01 08:00:00	0	54412	116.63	40.73	−20.0	−14.60400	−11.09984
...	...	...	...	...	...	...	...	...	...
99915	0	2021-12-31 20:00:00	9	54513	116.20	39.95	−7.6	−6.60000	−6.81200
99916	0	2021-12-31 20:00:00	9	54514	116.25	39.87	−9.1	−6.15200	−6.18800
99917	0	2021-12-31 20:00:00	9	54594	116.35	39.72	−6.5	−6.15040	−5.72000
99918	0	2021-12-31 20:00:00	9	54596	116.13	39.68	−6.5	−5.88096	−6.36672
99919	0	2021-12-31 20:00:00	9	54597	115.73	39.73	−8.7	−5.68896	−7.46192

242280 rows × 9 columns

上图中打印了收集好的观测预报数据表,其中包含了 242280 行,即 242280 站次的检验数据样本。每一行数据中包含了单个起报时间、单个时效、单个站点上的 ECMWF 和 CMA_GFS 预报,以及预报对应的观测(OBS 列)。

4.2 检验分析

4.2.1 总体检验

接下来,基于上文整理好的观测预报数据表开展具体的检验分析。在实践中,通常遵从由粗到细、由笼统到具体的检验分析思路。MetEva 提供的检验算法在 meteva.method 模块中,检验分析功能在 meteva.product 模块下,在开展具体的检验之前,首先需要通过如下方式导入相应的模块。

```
In[3]    import meteva.base as meb
         import meteva.method as mem
         import meteva.product as mpd
```

如上图所示,按照惯例,将检验算法模块导入后简称为 mem,检验分析模块导入后简称为 mpd。下面首先对 ECMWF 和 CMA_GFS 的误差进行总体的评估。

```
In[4]    rmse_array,_ = mpd.score(sta_all,mem.rmse)
         print(rmse_array)
```

Out[4]：[3.0448732 3.50938477]

在上图中,通过 mpd.score 调用检验分模块 mpd 当中的 score 函数。在 MetEva 的在线文档中有关于 mpd.score 函数参数和返回结果的完整说明表格,读者可以同时参照阅读(https://www.showdoc.com.cn/meteva/3975617518822328)。该函数的第一个参数是整理好的数据表,第二个参数是检验算法 mem.rmse,其中,mem 就是上文导入的检验算法模块名称,rmse 是该模块下的均方根误差计算函数的名称。

mpd.score 函数的返回结果是一个元组,第 0 个元素是具体的检验值,第 1 个元素是分组方式。在第 2.1.11 节中提到,当返回结果是元组时,可以用逗号分隔的多个变量来接收,由于上面的示例中未涉及分类检验,第 1 个返回元素没有价值,此时通常用" _ "来接收。当然也可以用一个变量来接收所有的返回结果,这样被赋值后的变量就是一个元组类型的变量,例如：

```
In[5]    result = mpd.score(sta_all,mem.rmse)
         print(result)
```

Out[5]：(array([3.16099796, 5.53364205]), None)

示例中,result 就是一个包含两个元素的元组,reuslt[0]是一个数组,内容和上文的 rmse_array 完全相同,reuslt[1]是 None,代表检验时未做分类,是笼统的检验。

笼统的检验也不一定要统计所有数据样本,若只需要检验 5—8 月的预报,则可以使用 meb.sele_by_para 函数选取部分数据用于统计,例如：

```
In[6]    sta_part = meb.sele_by_para(sta_all,month = [5,6,7,8])
         result = mpd.score(sta_part,mem.rmse)
         print(result)
```

Out[6]：(array([3.01635495，3.27634159])，None)

参数 month 代表按照月份来选取数据,取值[5,6,7,8]代表数据起报时间对应的月份属于 5、6、7 或 8 中的任意值都可被选入。选取数据的条件也可以是多个,例如:

```
In[7]  sta_part = meb. sele_by_para(sta_all,month = [5,6,7,8],dtime_range =
                    [0,24])
       result = mpd. score(sta_part,mem. rmse)
       print(result)
```

Out[7]：(array([2.94855788，3.29800157])，None)

dtime_range 表示按时效的范围来选取数据,参数值[0,24]表示时效大于或等于 0 且小于或等于 24 的样本。当用多个参数选取数据时,选出的数据会同时满足所有选取条件,因此,选取条件越多得到的样本越具体,样本数也越少。meb. sele_by_para 可以接收 30 多种参数,可用于按各类时空属性或数据取值来选取数据,具体内容可以见在线文档里的详细介绍(https://www. showdoc. com. cn/meteva/3975604785954540)。

数据选取还可以通过调用 meb. sele_by_dict 来实现,它和 meb. sele_by_para 使用效果完全一样,但是写法不同,例如:

```
In[8]  sta_part = meb. sele_by_dict(sta_all,s =
                        {"month":[5,6,7,8],"dtime_range":[0,24]})
       result = mpd. score(sta_part,mem. rmse)
       print(result)
```

Out[8]：(array([2.94855788，3.29800157])，None)

在使用 meb. sele_by_dict 时,所有的选取参数以键值对的形式放置在一个字典中赋给一个 s 参数。s 参数中的键就对应 meb. sele_by_para 中的同名参数,例如,"month"键就对应 month 参数。进一步,还可以将数据选取和检验的操作合并在一行代码中:

```
In[9]  result = mpd. score(sta_all,mem. rmse,s =
                        {"month":[5,6,7,8],"dtime_range":[0,24]})
       print(result)
```

Out[9]：(array([2.94855788，3.29800157])，None)

In[8]中数据和 In[9]相比,前者会产生一个新的变量 sta_part,后者则不会。如果 sta_part 变量在后续检验中可以反复使用,则可以用前一种方式来提升运行效率,否则,建议采用后一种,因为后者更简洁,还可以减少内存的占用。

注意:如果数据表中包括多种模式的预报,但不需要全部检验,此时可以用 member 参数来选取一部分预报,但必须把观测数据列选入,否则,无法完成后续检验计算。例如:

```
In[10]  result = mpd. score(sta_all,mem. rmse,s = {"month":[5,6,7,8],
                    "dtime_range":[0,24],"member":["OBS","ECMWF"]})
        print(result)
```

Out[10]：(array([[2.94855788]])，None)

注意:在使用 s 参数时,常见错误是关键词的引号(" ")写成了中文引号(" ")。此时程序运行报错信息是"invalid character in identifier"。

检验评估结果通常还是要以图形方式展示。在调用 mpd. score 函数时增加参数 plot,即可将检验结果直接绘图,例如:

In[11] ▶
```
result = mpd. score(sta_all,mem. rmse,s = {"month":[5,6,7,8],
                                            "dtime_range":[0,24]},plot = "bar")
```

Out[11]:

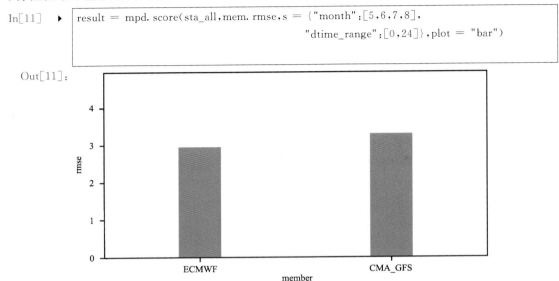

plot 参数有 bar 和 line 两个可选项,分别对应柱状图和折线图,通常在横轴的坐标刻度数量较少时选择柱状图效果更好,反之,选择折线图的效果更好,在下文中会有相应的示例。

4.2.2 分类检验

通过选取参数可以考察更为具体的情况下预报误差幅度,但对误差的时空演变或分布特征的考察则需要借助分类检验。通过在 mpd. score 中设置参数 g 可以很方便地满足常见分类检验需求,例如:

In[12] ▶
```
rmse_array,gll = mpd. score(sta_all,mem. rmse,s = {"month":[5,6,7,8],
                                                    "dtime_range":[0,24]},g = "ob_hour")
print("统计结果:")
print(rmse_array)
print("--------------")
print("具体的分类方式:")
print(gll)
```

Out[12]: 统计结果:
```
[[2.37566171 2.94970637]
 [2.62467085 3.12603686]
 [2.10148526 2.45666319]
 [2.45268701 2.78343816]
 [3.35850121 3.46331459]
 [4.01139959 3.79387725]
 [3.44484193 4.02663362]
 [2.87827293 3.50433524]]
```

具体的分类方式：

[2, 5, 8, 11, 14, 17, 20, 23]

　　上图中,通过设置 g ＝ "ob_hour"参数,将所选取的一部分数据样本,按照观测时点进行分类,即其中所有起报时间、所有预报时效、所有站点对应 02 时观测的部分会被划分为一组,05 时的划为一组,依次类推,然后计算出每组的检验指标。在 mpd. score 函数中会自动地根据数据表中包含观测时点种类来确定具体的分组方式。在本书的示例中,观测数据是逐 3 h 的,因此,样本按观测时点被分为 02 时、05 时、08 时、11 时、14 时、17 时、20 时和 23 时,共 8 组。另外,每个分组有 2 种模式的评分,因此,最终统计结果是一个 shape ＝(8,2)的数组。

　　mpd. score 函数的分类检验的实现步骤是先在内部调用 meb. sele_by_dict 函数并选取数据,再调用 meb. group 函数来实现数据分组,最后逐个对每一组数据调用检验算法函数(例如,mem. rmse)完成计算。meb. group 函数中参数 g 可以接收包括"ob_hour"在内的 30 多种可选项,可用于按各类时空属性对数据进行分组,在线文档中有更详细的介绍(https://www. showdoc. com. cn/meteva/4071849185300418)。函数 mpd. score 和 meb. group 中参数 g 的可选项和用法完全一致。

　　如果需要进一步将检验结果绘制成图形,可以添加参数 plot,例如：

In[13]　▶　
```
rmse_array,gll = mpd. score(sta_all,mem. rmse,s = {"month":[5,6,7,8],
                "dtime_range":[0,24]},g = "ob_hour",plot = "line")
```

Out[13]:

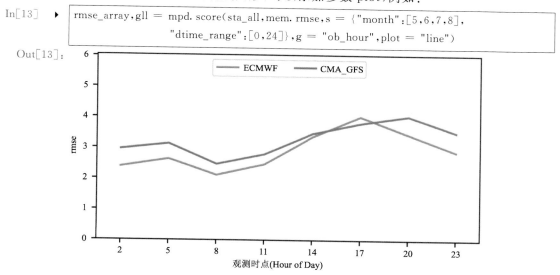

　　上面通过一行代码就完成了数据选取、数据分组、检验计算和图形绘制的全部功能。mpd. score 函数自动根据第二个参数(检验算法,如本例中的 mem. rmse)确定图形的纵坐标名称,根据分组参数 g(如本例中的"ob_hour")确定横坐标名称,根据具体的分组方式确定横坐标刻度值,根据模式名称确定图形的 legend。

　　若检验图形需要在更正式的文档或会议中使用,自动绘制的图形可能还不满足需求,此时可以使用更多参数来调整绘图效果。mpd. score 函数是通过调用函数 meb. plot 和 meb. bar (https://www. showdoc. com. cn/meteva/3975606467425606)来实现绘图的,这两个绘图函数的参数都可以在 mpd. score 函数中使用。例如：

In[14]   ▶   result = mpd. score(sta_all,mem. rmse,s = {"month":[5,6,7,8],

  "dtime_range":[0,24]},g = "ob_hour",plot = "line",

  ylabel = "均方根误差(℃)",xlabel = "观测时点(Hour of Day)",

  grid = True,vmin = 2,vmax = 4.5,

  save_path = r" D:\book\test_data\output\out4. 14. png")

Out[14]： 检验结果已以图片形式保存至 D:\book\test_data\output\out4. 14. png

上面的示例中设置了 save_path 参数后，图片被输出到了文件中，默认不在编辑器中显示。打开图片文件可见其内容如下：

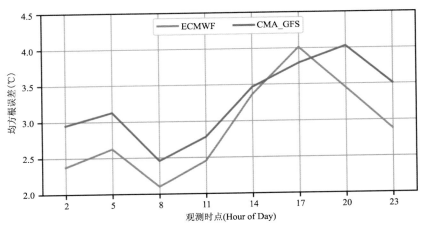

在上面的例子中，通过参数重新设置了坐标，添加了网格线，并把图形结果输出至指定的文件。最终生成的图形效果和本书第 3.3 节检验任务 1 的结果一致，在第 3.3 节中通过约 70 行代码才完成的检验，此处仅调用一次 mpd. score 函数就得以实现。同样对于第 3 章中检验任务 2，也可以通过调用 mpd. score 函数来实现，具体参数设置如下：

In[15]   ▶   result = mpd. score(sta_all,mem. rmse,

  s = {"ob_hour":[14],"dtime_range":[0,24]},

  g = "month",gll = [[2,3,4],[5,6,7],[8,9,10],[11,12,1]],

  group_name_list = ["春季","夏季","秋季","冬季"],plot = "bar",

  vmax = 4.5,vmin = 2,ylabel = "均方根误差(℃)",xlabel = "季节",

  tag = 2,save_path = r" D:\book\test_data\output\out4. 15. png")

Out[15]： 检验结果已以图片形式保存至 D:\book\test_data\output\out4. 15. png

在上面的示例中，s = {"ob_hour":[14],"dtime_range":[0,24]}表示选取预报对应的观测时点是 14 时且预报时效在 0～24 h 范围的数据样本。g = "month"表示将数据样本按月份分类，但根据检验需求，并非每个月份单独分成 1 组，而是要分成 4 个季节，因此，增加了参数 gll = [[2,3,4],[5,6,7],[8,9,10],[11,12,1]]，来设定自定义的分组方式，进一步通过 group_name_list 来为每个分组命名，并最终体现在绘图的横坐标上。上图中还设置了参数 tag=2 为图形添加 2 位有效位数的标注，方便对检验结果进行精确对比。另外，示例中设置了参数 show=True，表示将结果输出到图片文件的同时也在编辑屏幕上显示。

在以上的示例中，mpd. score 函数的第二个参数的取值都是计算均方根误差的函数 mem. rmse，若需要统计其他检验指标，则需要将该参数更改为其他函数。例如，若需要计算

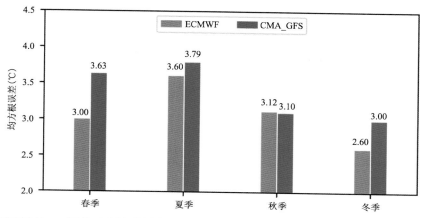

模式对高温预报的 ts 评分，可以采用如下方式实现：

In[16] ▶
```
result = mpd. score(sta_all,mem. ts,grade_list = [30,35],
         s = {"month":[5,6,7,8,9,10]},
         g= "month",plot = "bar",sup_title = "高温预报 ts 评分")
```

Out[16]:

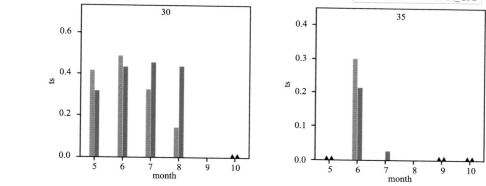

在上面的示例中，mem. ts 是 meteva 中用于计算 ts 评分的函数，grade_list 是函数 mem. ts 的一个参数。mpd. score 函数能够接收检验参数，并自动传递给检验算法。例如，上面的示例中，mpd. score 函数会将 grade_list 参数值[30,35]传递给函数 mem. ts，据此计算 30 ℃ 和 35 ℃ 两个等级的高温预报评分，mpd. score 函数再将评分传输给 mem. bar 绘图，并自动确定是否要绘制多个子图。

图 4.2 显示了 mpd. score 函数执行流程图，有助于我们更加清晰地理解其运行逻辑。如图 4.2 所示，输入的是包含坐标信息的全部数据表，经 mpd. score 函数传递给选取函数；再将选取所得的部分数据表传递给分组函数；mpd. score 函数再将部分数据表传递给分组函数，获得多张数据表；接下来，mpd. score 函数将每一张数据表中的坐标去除，仅保留数据部分，连同检验参数传给检验算法，最后，mpd. score 函数将每个检验计算的结果组合起来连同绘图参数一并传递给绘图函数。

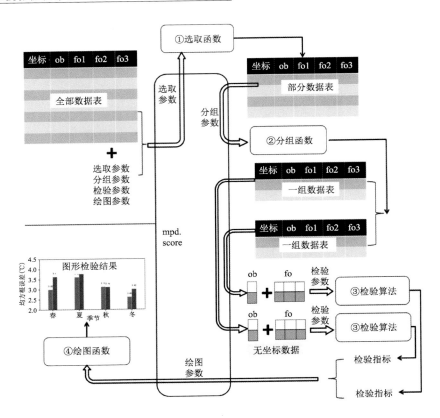

图 4.2   mpd. score 函数执行流程图

4.2.3   空间分布检验

利用上一节介绍的 mpd. score 函数可以开展各种方式的分类检验，但只支持单一维度的分类。如果要对比不同位置上的检验指标差异，可以通过设置 g = "id" 来实现，例如：

In[17] ▸
```
result = mpd. score(sta_all,mem. rmse,g = "id",
                    plot = "line",sparsify_xticks = 1)
```

Out[17]：

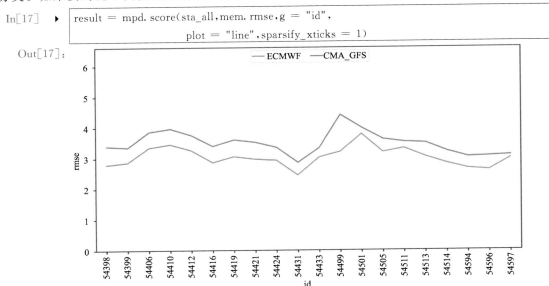

示例中,通过折线图绘制了不同站点的均方根误差。由于按站号分类检验绘图时,横坐标数目较多则会重叠,默认情况下会自动将部分横坐标省略显示。参数 sparsify_xticks 则可以用于自定义横坐标稀释的比例,例如,sparsify_xticks =2 表示每 2 个横坐标只显示 1 个,sparsify_xticks =1 则表示显示所有横坐标,同时横坐标的字体会自动缩小以避免重叠。本章的示例数据只包含了 20 个站点,因此,缩小字体还能完全显示,倘若站点数更多则无法用折线图的形式展示。与此同时,通过上述折线图虽然可以知道每个站点的误差,但它无法呈现误差的空间分布特征。

为了更方便地了解检验指标的空间分布特点,可以使用检验分析模块中的 mpd. score_id 函数来完成检验统计和绘图。使用示例如下:

In[18]　▶　| result ＝ mpd. score_id(sta_all,mem. rmse,ncol＝2) |

Out[18]:

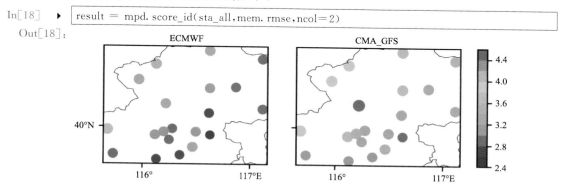

在 mpd. score_id 函数中会默认将预报按照站号(即数据表中的 id 列)来分组检验,进一步根据站点的经纬度(数据表中的 lon 和 lat 列)将检验结果绘制成水平散点图形。当预报中有多个模式时,默认每个模式会以子图形式显示,并可以用 ncol 参数控制子图的列数。

与 mpd. score 函数类似,mpd. score_id 函数也可以接收用于选取和分组的 s、g、gll 等参数。例如,若需要选取 5—8 月数据,分别绘制不同时点起报的预报误差平面分布图,则可以用如下方式实现:

In[19]　▶　| result ＝ mpd. score_id(sta_all,mem. rmse,s ＝ {"month":[5,6,7,8]},
　　　　　　 g ＝ "hour",ncol＝2,
　　　　　　 save_dir ＝ r"D:/book/test_data/output") |

Out[19]:　图片已保存至 D:/book/test_data/output/ECMWF{'month[5,6,7,8]}(hour＝8). png
　　　　　　图片已保存至 D:/book/test_data/output/ECMWF{'month[5,6,7,8]}(hour＝20). png

在上述示例中,mpd. score_id 函数自动根据数据表的内容将预报分为 08 时起报和 20 时起报两组进行检验,并将图形结果自动生成到由 save_dir 指定的文件目录当中,并根据选取和分组的参数进行自动命名。检验图形中子图的标题也会自动标记选取和分组的参数信息,以便于批量检验结果的对比浏览。下面显示了输出结果中的一张图形效果:

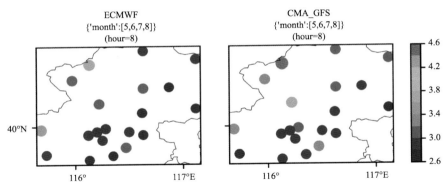

在浏览了大量检验图形结果后，若希望挑选其中 1 张进行精细地绘图，则可以通过将选取参数细化并增加绘图参数设置的方式实现。例如：

In[20] ▶
```
result = mpd. score_id(sta_all,mem. rmse,
        s = {"month":[5,6,7,8],"hour":8},
        map_extend = [115.3,117.6,39.3,41.1],
        ncol=2,title = ["(a)","(b)"],title_in_ax = True,
        cmap = "bwr",clevs =np. arange(2,5,0.5),point_size = 20)
```

Out[20]:
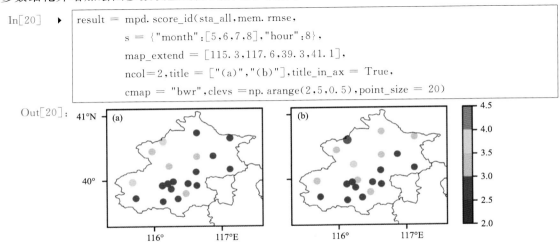

上面的代码中，s 参数中增加了"hour":8 用于指定只分析 08 时起报的预报。map_extend 用于指定绘图的底图范围，title 用于设定子图的标题或名称，默认情况下子图标题会显示在子图正上方，但在论文中子图名称一般要求置于左上角，此时设置 title_in_ax = True 即可实现，效果如上图所示。另外，散点的大小和颜色可以通过 point_size、cmap 和 clevs 等参数控制。

通过上面的误差平面分布图，很容易了解到分析区域内西北部站点的预报误差更大，而东南部站点的预报误差更小，另外，个别误差很大的站点也容易凸显。但平面分布图也有一点不足，就是通过颜色代表数值的大小，不易了解其精确值。若需了解每个站点上精确的检验结果，可以在返回结果 result 中查看，例如：

In[21] ▶ `print(result[0])`

Out[21]:

	level	time	dtime	id	lon	lat	ECMWF	CMA_GFS
0	0	2021-05-01 08:00:00	0	54398	116.62	40.13	2.745369	2.857487
1	0	2021-05-01 08:00:00	0	54399	116.28	39.98	2.898188	3.022603
2	0	2021-05-01 08:00:00	0	54406	115.97	40.45	3.166820	3.205632
3	0	2021-05-01 08:00:00	0	54410	116.13	40.60	3.649810	4.548405

4	0	2021-05-01 08：00：00	0	54412	116.63	40.73	2.868516	3.084721
5	0	2021-05-01 08：00：00	0	54416	116.87	40.38	2.714938	2.821398
6	0	2021-05-01 08：00：00	0	54419	116.63	40.37	3.095480	3.082638
7	0	2021-05-01 08：00：00	0	54421	117.12	40.65	2.975911	3.092587
8	0	2021-05-01 08：00：00	0	54424	117.12	40.17	2.727303	2.781898
9	0	2021-05-01 08：00：00	0	54431	116.63	39.92	2.686571	2.864412
10	0	2021-05-01 08：00：00	0	54433	116.50	39.95	2.885838	2.881102
11	0	2021-05-01 08：00：00	0	54499	116.22	40.22	3.138425	3.618309
12	0	2021-05-01 08：00：00	0	54501	115.68	39.97	3.577735	3.286634
13	0	2021-05-01 08：00：00	0	54505	116.12	39.92	2.984514	2.977363
14	0	2021-05-01 08：00：00	0	54511	116.47	39.80	3.153248	3.220680
15	0	2021-05-01 08：00：00	0	54513	116.20	39.95	2.891248	2.936045
16	0	2021-05-01 08：00：00	0	54514	116.25	39.87	2.842634	2.850350
17	0	2021-05-01 08：00：00	0	54594	116.35	39.72	2.639667	2.919307
18	0	2021-05-01 08：00：00	0	54596	116.13	39.68	2.601856	2.801394
19	0	2021-05-01 08：00：00	0	54597	115.73	39.73	2.816311	2.733326

　　mpd.score_id 函数的返回结果也是一个元组,其中,第 0 个元素是每个站点的检验结果,第 1 个元素是具体的分组方式。如上图所示,当没有设置参数 g 时,返回的站点结果是以 sta_data 格式存放的,数据中包含站号、经度、纬度以及不同模式的评分值。由于同一个站点的统计评分可能是不同层次、时间和时效的总体结果,因此,level、time、dtime 三个维度的值是根据第一个样本的属性设置的,不具有可参考性。当设置了参数 g 时,返回结果是一个列表,列表中每个元素是 sta_data 格式各站检验指标。

　　有时并不需要每个站点的精确检验值,仅希望了解误差最大的站点的情况,此时可以通过设置 print_max 和 print_min 参数来同时打印评分值最大和最小的数个站点的情况。例如:

In[22] ▶
```
result = mpd.score_id(sta_all,mem,me,ncol=2,
                      print_max = 1,print_min = 1)
```

Out[22]：ECMWF
取值最大的 1 个站点：
id:54410　lon:116.13　lat:40.6 value:1.783928545484553
取值最小的 1 个站点：
id:54501　lon:115.68　lat:39.97 value:−2.2026624665675394

——————————————

CMA_GFS
取值最大的 1 个站点：
id:54410　lon:116.13　lat:40.6 value:1.9763471025259876

取值最小的1个站点：

id：54499　　lon：116.22　　lat：40.22　value：−3.1228381310879962

————————————

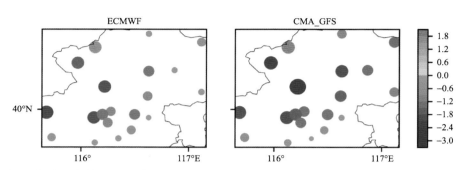

在上面的示例中，绘制误差分布图的同时在屏幕上打印了误差最大和最小的站点的信息。为了突出显示误差显著的站点，默认情况下，mpd. score_id函数绘制的站点的大小是根据评分值的绝对值确定。如上图所示，正偏差和负偏差幅度大的站点尺寸更大，如果不希望这种显示效果，可以设置参数 fix_size = True，使每个站点尺寸相同。

4.2.4　时序分类检验

在对预报性能进行评估对比时，最常用的方式是按照时效进行分类检验。例如：

In[23] ▶
```
result = mpd. score(sta_all,mem. me,
              s = {"month":7},g = "dtime",plot = "line",height =3)
```

Out[23]：

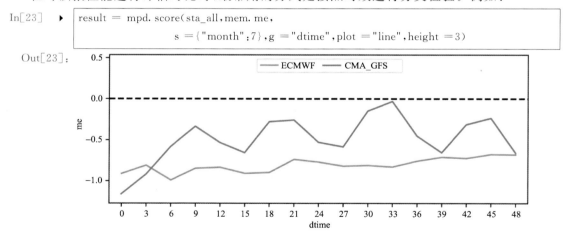

在上面的示例中，统计了7月平均预报偏差随时效的变化图，结果表明 ECMWF 和 CMA_GFS 模式所有时效都有显著的负偏差。但这并不意味着模式的负偏差一定是系统性的，显著的负偏差有可能是个别时刻的大幅偏差导致，也可能是持续的小幅负偏差导致。此时，还有必要按时间进行分类检验，以分析不同时段预报偏差。例如：

In[24] ▶
```
result = mpd. score(sta_all,mem. me,
              s = {"month":7},g = "time",plot = "line",height = 3)
```

Out[24]:
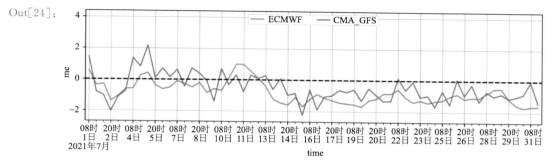

在上面的示例中,通过时间分类检验可以了解到 7 月中下旬的模式偏差是持续为负的,但 7 月上旬则不是。在按照时间分类检验时,不同时效的样本被笼统地统计到一起。为了开展更全面的时序检验,可以使用 mpd. socre_tdt 函数来同时对时间和时效维度进行分类检验。例如:

In[25]　▶
```
result = mpd. score_tdt(sta_all,mem. me,
        s = {"member":["OBS","CMA_GFS"],"month":7},
        title = ["不同起报时间不同时效的平均预报误差"],x_y = "time_dtime")
```

Out[25]:
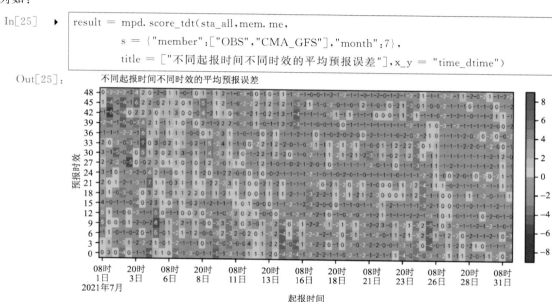

在上面的示例中,mpd. score_tdt 函数会根据数据表的时间和时效分类检验并自动绘图,参数 x_y = "time_dtime"用于指定图形以起报时间为横坐标,以预报时效为纵坐标,图中 1 个色块代表同一时间同一时效的所有站点上的统计结果。上述示例结果显示有少数时间-时效的预报偏差达到 9 ℃,并且异常大的正偏差有规律地出现在图中,实际上都指向同一观测时段。通过设置参数 x_y = "obtime_time"将上面的检验结果以观测时间为横坐标、起报时间为纵坐标,可以更清楚地显示偏差在时间上的特征。"obtime_time"是参数 x_y 的默认值,在代码中不作设置即可达到效果,例如:

In[26]　▶
```
result = mpd. score_tdt(sta_all,mem. me,s = {"member":["OBS","CMA_GFS"],
        "time_range":["2021070208","2021070708"]},
        title = ["不同起报时间对不同实况时刻的平均预报误差"])
```

Out[26]：

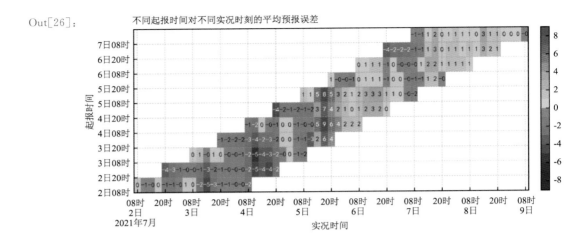

在上面的示例中，CMA_GFS 对于 7 月 5 日 17 时的预报偏差异常大，并且预报偏差并不随起报时间临近而减少，因此，这是一次和过程有关的偏差。当然，以实况时间-起报时间为坐标绘制的图形结果会有较多的空白，因此，不适合显示长时段内的结果。应用时可以综合利用不同方式显示检验结果，取长补短。

mpd. score_tdt 函数同样还可以接收额外的分类参数 g，但其取值不能是"time""dtime"和"ob_time"。mpd. score_tdt 函数的返回结果同样是元组，其中，第 0 个元素是统计结果，第 1 个元素是分组方式。当只有一个分组时，统计结果是一个 sta_data 格式的数据，具体形式如下：

In[27] ▶ print(result[0])

Out[27]：

	level	time	dtime	id	lon	lat	CMA_GFS
0	999999	2021−07−02 08:00:00	0	999999	999999	999999	0.484072
1	999999	2021−07−02 08:00:00	3	999999	999999	999999	−0.891224
2	999999	2021−07−02 08:00:00	6	999999	999999	999999	−0.108320
3	999999	2021−07−02 08:00:00	9	999999	999999	999999	0.037824
4	999999	2021−07−02 08:00:00	12	999999	999999	999999	−1.339936
..	...	...	...	...	...	...	...
182	999999	2021−07−07 08:00:00	36	999999	999999	999999	1.066584
183	999999	2021−07−07 08:00:00	39	999999	999999	999999	0.347344
184	999999	2021−07−07 08:00:00	42	999999	999999	999999	0.236296
185	999999	2021−07−07 08:00:00	45	999999	999999	999999	0.175240
186	999999	2021−07−07 08:00:00	48	999999	999999	999999	−0.472864

[187 rows x 7 columns]

统计结果表中 level、id、lon 和 lat 列被设置成了缺省值。当有多个分组时，返回结果的第 0 个元素是包含多个 sta_data 的列表。

*　lat　　　　（lat）int32 20 21 22

*　lon　　　　（lon）int32 100 101 102 103 104 105 106 107 108 109 110

有时，希望将多种数据统一到其中某一种网格上，此时需要提取网格信息，再将其他数据插值到该网格上。提取网格信息的方法如下：

In[10]　▶
```
grid1 = meb. get_grid_of_data(grd)
print(grid1)
```

Out[10]：members:['ECMWF']

levels:[0]

gtime:['20200101080000', '20200101080000', '1h']

dtimes:[24]

glon:[100，110.0，1]

glat:[20，22.0，1]

当检验所需的数据存储在一个普通的 DataArray 或 DataSet 中时，可以通过 meb. xarray_to_griddata 转换成网格数据。例如，下面有一个包含 3 个维度的 DataSet：

In[11]　▶
```
path = r"D:\book\test_data\input\test5.1.nc"
ds = xr. open_dataset(path)
print(ds)
```

Out[11]：＜xarray. Dataset＞

Dimensions：（time：1，latS：561，lonS：721）

Coordinates：

*　lonS　　　（lonS）float32 60.0 60.12 60.25 60.38 ⋯ 149.6 149.8 149.9 150.0

*　latS　　　（latS）float32 60.0 59.88 59.75 59.62 ⋯ −9.625 −9.75 −9.875 −10.0

*　time　　　（time）datetime64[ns] 2021-04-06

Data variables：

vis　　　（time，latS，lonS）float32 ⋯

sst　　　（time，latS，lonS）float32 ⋯

Attributes：

Description：　This is ECMWF fine grid operational forecasting, converted ⋯

Author：　　　SunZhang @ Zhejiang Observatory (sunzhang@mail. iap. ac. cn)

CreateTime：　2021-04-06 14:50:08

数据 ds 中包含了 vis 和 sst 两个物理量，但在 grid_data 中只能存储一种物理量，因此，将 ds 转换成网格数据时需要提取其中一个物理量。可以通过函数 xarray_to_griddata 和参数 value_name 从 DataSet 中提取物理量，并转换成网格数据：

In[12]　▶
```
grd = meb. xarray_to_griddata(ds,value_name = "sst",
                              lon_dim = "lonS",lat_dim = "latS")
print(grd)
```

Out[12]：＜xarray. DataArray 'sst' (member：1，level：1，time：1，dtime：1，lat：561，lon：721)＞

array([[[[[28.170801，28.170801，28.170801，...，0.　　　　　　，

```
              27.164701 , 29.1769     ],
            [28.170801 , 28.170801 , 28.170801 , ..., 15.091501 ,
              29.1769     , 29.1769     ],
            [28.170801 , 28.170801 , 28.170801 , ...,  5.0305004,
              5.0305004,  5.0305004],
              ...,
            [ 0.         , 0.         , 0.         , ..., 0.         ,
              0.         , 0.         ],
            [ 0.         , 0.         , 0.         , ..., 0.         ,
              0.         , 0.         ],
            [ 0.         , 0.         , 0.         , ..., 0.         ,
              0.         , 0.         ]]]]], dtype＝float32)
```

Coordinates：

  * member   (member) int32 0
  * level   (level) int32 0
  * time   (time) datetime64[ns] 2021－04－06
  * dtime   (dtime) int32 0
  * lat   (lat) float32 －10.0 －9.875 －9.75 －9.625 ... 59.62 59.75 59.88 60.0
  * lon   (lon) float32 60.0 60.12 60.25 60.38 ... 149.6 149.8 149.9 150.0

Attributes：

   units：   C
   long_name：   Sea surface temperature

常以"lon"和"lat"来表示经度和纬度的维度名称，以"time"表示时间维度的名称等，但实际数据中的坐标名称常常不是统一的，上面示例中，DataSet 是以 lonS 和 latS 作为经纬度维度名称的。为此，转换时需要设置参数 lon_dim＝"lonS"和 lat_dim ＝ "latS"，即告诉转换函数输入数据中的 lonS 代表经度，latS 代表纬度。输入数据中时间维度的名称已经是"time"，否则也需要通过参数 time_dim 来指定某个维度代表时间。

5.2 读写

我国气象业务的数据存储方式包括文件存储（Grib、NetCDF 和 MICAPS 格式等）和数据库存储（MICAPS 分布式数据库和"天擎"大数据云平台等）。MetEva 集成了常见的数据读取接口（表 5.1），以方便用户将不同来源的预报观测数据读取到统一的数据结构中。

表 5.1 **MetEva 集成的数据读取功能**

数据类型	数据源和数据格式	数据形式	函数名称
站点数据	MICAPS 第 16 类格式站点信息表	文本文件	read_station
	MICAPS 第 3 类格式	文本文件	read_stadata_from_micaps3
	MICAPS 第 1/2/8 类格式	文本文件	read_stadata_from_micaps_2_8
	MICAPS 第 7 类格式台风报文	文本文件	read_cyclone_trace

数据类型	数据源和数据格式	数据形式	函数名称
站点数据	MICAPS 第 41 类格式闪电数据	文本文件	read_stadata_from_micaps41_lightning
	精细化城镇预报格式	文本文件	read_stadata_from_sevp
	一般的整齐文本	文本文件	read_stadata_from_csv
	MICAPS 分布式格式	文件	read_stadata_from_gdsfile
		接口	read_stadata_from_gds
	CIMISS	接口	read_stadata_from_cimiss
	大数据云平台	接口	read_stadata_from_cmadaas
格点数据	Netcdf 格式	文件	read_griddata_from_nc
	GRIB 格式	文件	read_griddata_from_grib
	GRADS 格式	文件	read_griddata_from_ctl
	CIMISS	接口	read_griddata_from_cimiss
	大数据云平台	接口	read_griddata_from_cmadaas
	MICAPS 第 4 类格式	文本文件	read_griddata_from_micaps4
	MICAPS 第 11 类格式风场数据	文本文件	read_griddata_from_micaps11
	MICAPS 第 2 类格式风场数据	文本文件	read_gridwind_from_micaps2
	MICAPS 分布式格式	接口	read_griddata_from_gds
		文件	read_griddata_from_gds_file
	MICAPS 分布式格式风场	接口	read_gridwind_from_gds
		文件	read_gridwind_from_gds_file
	雷达拼图	接口	read_griddata_from_radar_mosaic_v3_gds
		文件	read_griddata_from_radar_mosaic_v3_file
	卫星云图	接口	read_AWX_from_gds
		文件	read_griddata_from_AWX_file
	SWAN 格式数据	接口	read_griddata_from_swan_d131_gds
		文件	read_griddata_from_swan_d131

5.2.1　配置文件设置

在通过 CIMISS 接口、MICAPS 分布式服务器接口和大数据云平台接口读取站点或格点数据前,首先需要申请相关的账号和权限。在具备账号和权限后可按如下格式填写相应的配置信息并保存至一个文本文件当中:

［CIMISS］

DNS = xxx. xxx. xxx. xxx

USER_ID = xxxx

PASSWORD = xxxxx

［MICAPS］

GDS_IP = xxx. xxx. xxx. xxx

GDS_PORT = 8080

[CMADaaS]

DNS = xxx. xxx. xxx. xxx

PORT = xxxx

USER_ID = xxxx

PASSWORD = xxxx

serviceNodeId = NMIC_MUSIC_CMADAAS

上述配置文件包含 CIMISS、MICAPS 和 CMADaaS 三段内容,它们分别代表 CIMISS 接口、MICAPS 分布式服务器接口和大数据云平台接口所需的配置。当仅仅需要某一种接口时,其他接口的配置信息可以不用设置。将上述配置文件存放至任意位置(例如,D:\book\test_data \config. ini),然后在程序中添加下面一行语句:

```
In[13]    ▶    meb. set_io_config(r"D:\test\config. ini")
```

Out[13]: 配置文件设置成功

若上述语句执行成功,之后的读取接口数据的程序都能使用其中的配置信息。

5.2.2　数据路径生成

气象数据文件的文件名和文件目录常常是根据时间和时效命名的,在大批量读取数据时经常需要根据时间和时效来生成文件路径。例如,在 D:\book\test_data\input\200112\文件夹下有 4 个文件:

2020011200. 000. nc

2020011200. 003. nc

globalECMWF_IT_2020011200_VT_2020011203_FH_003_AT_003. nc

globalECMWF_IT_2020011200_VT_2020011203_FH_003_FF_003. nc

在本书第 4.1 节中已经讨论过使用 meb. get_path 函数循环生成不同时间不同时效对应的数据路径的方法。以下通过示例对完整用法进行说明。

```
In[14]    ▶    time0 = datetime. datetime(2020,1,12,0,0)
               dir1 = r"D:\book\test_data\input\YYMMDD\YYYYMMDDHH. TTT. nc"
               path1 = meb. get_path(dir1,time0)
               print("path1:"+path1)
               path2 = meb. get_path(dir1,time0,3)
               print("path2:"+path2)
               dir3 = r"D:\book\test_data\input\YYMMDD\ * YYYYMMDDHH * TTT * "
               path3 = meb. get_path(dir3,time0,3)
               print("path4:"+path3)
               dir4 = r"D:\book\test_data\input\YYMMDD\ * YYYYMMDDHH * TTT * F>F * "
               path4 = meb. get_path(dir4,time0,3)
               print("path4:"+path4)
```

Out[14]：　path1:D:\book\test_data\input\200112\2020011200. 000. nc

path2:D:\book\test_data\input\200112\2020011200. 003. nc

path4:D:/book/test_data/input/200112/globalECMWF_IT_2020011200_VT_2020011203_

FH_003_AT_003. nc

path4:D:/book/test_data/input/200112/globalECMWF_IT_2020011200_VT_2020011203_

FH_003_FF_003. nc

在上面的示例中,path1 是仅根据时间生成路径,通常用于观测文件的路径生成,其中,参数 dir1 是数据路径的模板,模板中的 YYYY 表示 4 位数年份,YY 表示 2 位数年份,MM、DD、HH 和 FF 分别表示月、日、时和分,并且文件目录部分也可以包含匹配模板。path2 是根据时间和时效生成路径,相应的模板中的 TTT 表示 3 位数的时效。返回结果中模板部分会被实际数字替代。

在 path3 中文件路径既包含起报时间又包含实况时间,但 YYYYMMDD 只能匹配起报时间,此时可以用 * 匹配任意字符,如果同一起报时间和预报时效对应的文件路径是唯一的,则能匹配成功,否则会匹配失败。

在 path4 中文件路径中包含 FF 两个字符,但它实际上不是时间模板,为了避免混淆,需要将它改成 F>F,这样返回结果中将被转换成 FF,而不是数字。类似的,如果文件路径中包含 YY、MM、DD 和 HH 时同样需要用>分隔一下,避免被当做时间模板。

5.2.3　站点数据读取

5.2.3.1　MICAPS 文本格式

在本书第 4.1 节中已对 MICAPS 第 3 类数据读取函数进行了说明,本节进一步对它的一个重要参数 show 做说明。在使用 Jupyter Notebook 编程读取大批量数据时,希望屏幕打印读取成功的信息以显示进度,打印错误信息以帮助定位错误原因,但打印信息过多也是一种干扰,因此,有时又需要关闭过多信息输出,此时就可以通过 show 参数来控制输出简洁版的信息还是完整版的信息。默认情况下,数据读取时会输出简洁版信息,例如:

In[15]　▶
```
filename1 = r"D:\book\test_data\input\micaps3. txt"
filename2 = r"D:\book\test_data\input\micaps3_wrong. txt"
print("读取成功信息:")
sta = meb. read_stadata_from_micaps3(filename1)
print("读取失败信息:")
sta = meb. read_stadata_from_micaps3(filename2)
```

Out[15]：　读取成功信息:

读取失败信息:

D:\book\test_data\input\micaps3_wrong. txt 文件格式不能识别。可能原因:文件未按 micaps3 格式存储

在上面的示例中,输入了一个格式正确和一个格式错误的文件,读取正确文件时,程序不会打印任何信息,读取错误文件时会打印简单的错误信息。如果设置参数 show=True,则效果如下:

In[16] ▶
```
print("读取成功信息：")
sta = meb. read_stadata_from_micaps3(filename1,show=True)
print("读取失败信息：")
sta = meb. read_stadata_from_micaps3(filename2,show = True)
print("返回结果："+ str(sta))
```

Out[16]： 读取成功信息：

success read from D:\book\test_data\input\micaps3. txt

读取失败信息：

Traceback (most recent call last)：

　　File "h:\task\develop\python\git\meteva\meteva\base\io\read_stadata. py"，line 209，in read_stadata_from_micaps3

　　　　nregion = int(strs[11 + nline])

ValueError：invalid literal for int() with base 10：'35. 0'

D:\book\test_data\input\micaps3_wrong. txt 文件格式不能识别。可能原因：文件未按 micaps3 格式存储

返回结果：None

　　在上面的示例中，读取正确文件时会打印读取的文件路径，方便定位读取进度，读取错误文件时会定位到错误具体在哪一行跳出。此外，从上面的示例还可以看出，读取到错误文件时，程序本身并不会崩溃，只是返回结果为 None。

　　在读取大批量数据的情景中，数据部分缺失或格式错误是常有之事。因此，读取批量数据前，需要明确后续的分析对数据缺失可否容忍。如果后续检验要求数据必须完整，则循环读取时遇到文件缺失或错误就应立刻跳出，避免浪费时间，并根据错误提升补齐数据。如果后续检验容许部分文件缺失，则应该跳过缺失或错误文件，继续读取后续文件。MetEva 中的数据读取函数都能够接受格式错误导致异常，不至于崩溃，但开发者也需注意，此时返回的结果是None，如果对返回结果进行运算也会导致程序崩溃。

　　此外，在读取 MICAPS 第 3 类文本文件时会自动忽略测站高度信息，如果需要测站高度信息可以使用 meb. read_sta_alt_from_micaps3 函数来读取。

　　在 sta_data 数据标准中，一个站点数据通常只包含一种气象要素，因此，在数据读入的时候也要求只读入一列数据。MICAPS 第 1 类、第 2 类和第 8 类等文本格式的站点数据文件会存储有多列数据，从中读取某列要素（例如，温度）数据时，通常需要首先查阅 MICAPS 帮助文档，从中找到待读入要素在文件中排在第几列。这个过程并不困难，但略为繁琐，而且可能会出现一些错误。为了提高效率，减少错误，在 MetEva 中将数据列名称和列号进行了对应，类似"meb. m1_element_column. 温度"的变量就可以索引到 MICAPS 第 1 类格式文件中温度对应的列号。

In[17] ▶
```
print(meb. m1_element_column. 温度)
```

Out[17]： 19

　　基于路径和列号，就可以用如下方式从 MICAPS 文本文件中读取到指定要素的内容：

In[18] ▶
```
filename = r"D:\book\test_data\input\micaps1. txt"
sta = meb. read_stadata_from_micaps1_2_8(filename,
                        column=meb. m1_element_column. 温度)
print(sta)
```

Out[18]:

	level	time	dtime	id	lon	lat	data0
0	0	2018-08-01 08:00:00	0	1009	89.49	3.99	27.9
2	0	2018-08-01 08:00:00	0	29645	86.22	55.25	8.1
3	0	2018-08-01 08:00:00	0	28593	74.63	56.10	15.1
5	0	2018-08-01 08:00:00	0	36022	80.33	52.02	9.5
6	0	2018-08-01 08:00:00	0	29209	77.22	57.81	11.0
...	...	...	...	...	...	...	...
4072	0	2018-08-01 08:00:00	0	48679	103.67	1.63	24.4
4073	0	2018-08-01 08:00:00	0	16364	16.37	38.76	18.4
4074	0	2018-08-01 08:00:00	0	16415	14.87	38.58	24.1
4075	0	2018-08-01 08:00:00	0	16081	9.26	45.46	26.7
4076	0	2018-08-01 08:00:00	0	16314	16.66	40.68	22.9

[3999 rows x 7 columns]

上面的示例中，如果将第二个参数改为 column=19，则运行效果是完全相同的。

5.2.3.2　MICAPS 分布式格式

MICAPS 分布式格式的站点数据中每种要素有唯一对应的要素种类编号，读取时需要指定要素种类编号，例如：

In[19] ▶
```
filename = r"D:\book\test_data\input\gds_stadata. 000"
sta=meb. read_stadata_from_gdsfile(filename,
                        element_id=meb. gds_element_id. 降水_3 小时)
print(sta)
```

Out[19]:

	level	time	dtime	id	lon	lat	data0
0	0.0	2020-06-10 08:00:00	0	55299	92.066704	31.483299	10.1
012	0.0	2020-06-10 08:00:00	0	57358	110.966698	30.833300	
2	0.0	2020-06-10 08:00:00	0	57361	111.266701	31.883301	1.2
3	0.0	2020-06-10 08:00:00	0	57362	110.660004	31.748301	0.1
4	0.0	2020-06-10 08:00:00	0	57363	111.833298	31.799999	1.3
..	...	...	...	...	...	...	...
634	0.0	2020-06-10 08:00:00	0	58354	120.349998	31.616699	0.3
635	0.0	2020-06-10 08:00:00	0	57333	108.666702	31.950001	2.5

636	0.0	2020-06-10 08：00：00	0	58358	120.434402	31.079700	0.9
637	0.0	2020-06-10 08：00：00	0	58359	120.616699	31.133301	0.3
638	0.0	2020-06-10 08：00：00	0	57343	109.533302	31.900000	0.2

[639 rows x 7 columns]

　　MICAPS 分布式格式的站点数据中包含的要素种类是不固定的，如果文件中只包含一种要素，那参数 element_id 也可以缺省，如果 element_id 设置的要素在文件中不存在，则会返回 None。

　　该类数据是二进制的，无法用文本查看，若需了解其中包含的要素种类，可以用下面命令来查询：

In[20] ▶
```
meb.print_gds_file_values_names(filename)
```

Out[20]：测站高度：3
测站级别：4
降水_3 小时：1005
{'测站高度'：3，'测站级别'：4，'降水_3 小时'：1005}

　　上述打印要素类型的函数功能对于 MICAPS 分布式服务器上的数据同样适用，只需将本地文件路径换成服务器中的路径即可。读取分布式接口数据的函数 meb.read_stadata_from_gds 的用法和 meb.read_stadata_from_gdsfile 也基本一样，只需将本地文件路径换成服务器中的路径即可。

5.2.3.3　大数据云平台

　　在读取大数据云平台上的站点数据前需要完成 3 项准备工作：
　　①申请账号和相关的数据权限；
　　②设置配置文件，第 5.2.1 节已介绍；
　　③查询要读入的数据编码和要素代码。

　　完成准备工作后可以用函数 meb.read_stadata_from_cmadaas 来读取数据，它包含 3 个必设参数：数据编码、要素代码和时间，用法如下：

In[21] ▶
```
sta = meb.read_stadata_from_cmadaas("SURF_CHN_MUL_HOR_N",
                                     "TEM","2022070108")
sta
```

Out[21]：

	level	time	dtime	id	lon	lat	TEM
0	0	2022-07-01 08：00：00	0	54604	115.291901	38.404701	33.2
1	0	2022-07-01 08：00：00	0	59038	108.650803	24.021700	34.3
...	...	...	...	...	...	...	...
2481	0	2022-07-01 08：00：00	0	53487	113.409401	40.078300	28.8

2482 rows × 7 columns

　　如上所示，读入的站点数据默认是以要素代码作为数据列的名称。

　　所有站点数据读取函数都有 station、show、data_name、level 和 dtime 等可选参数，其中，

station 参数用于将读入数据统一到指定站表上，show 用于可控制打印信息内容。data_name 用于设定读入之后数据列的名称，它将决定后续检验图表的内容。当数据中的层次和时效信息缺失或错误时，可以通过 level 和 dtime 用于指定读入数据实际的层次，以便后续能够正确地合并匹配数据。

5.2.4　格点数据读取

5.2.4.1　MICAPS 格式

MICAPS 第 4 类文本格式数据是常用的一种网格数据存储方式，可以用函数 meb. read_griddata_from_micaps4 来读取，只需输入文件路径即可。经常需要将读入的数据统一到相同的网格范围和间距上，此时只需在读取函数中增加参数 grid。例如：

In[22] ►
```
filename = r"D:\book\test_data\input\micaps4. txt"
grid0 = meb. grid([70,140,1.0],[20,50,1.0])
grd = meb. read_griddata_from_micaps4(filename,grid = grid0)
print(grd)
```

Out[22]：<xarray. DataArray 'data0' (member：1, level：1,time：1,dtime：1,lat：31,lon：71)>
array([[[[[[27. 99, 27. 77, 27. 8 , ..., 26. 74, 27. 74, 27. 77],
　　　　　　　[27. 65, 24. 65, 27. 86, ..., 26. 02, 26. 05, 27. 68],
　　　　　　　[24. 43, 24. 74, 27. 11, ..., 25. 9 , 26. 86, 26. 74],
　　　　　　　...,
　　　　　　　[7. 15,　6. 05,　4. 83, ..., 14. 83, 17. 3 ,　6. 36],
　　　　　　　[6. 58,　5. 3 ,　4. 83, ..., 14. 68, 13. 96, 16. 68],
　　　　　　　[9. 27,　8. 21,　6. 8 , ..., 14. 43, 13. 49, 14. 74]]]]]])
Coordinates：
　　* member　（member）<U5 'data0'
　　* level　　（level）float64 0.0
　　* time　　（time）datetime64[ns] 2019-05-17
　　* dtime　　（dtime）int32 24
　　* lat　　（lat）float64 20.0 21.0 22.0 23.0 24.0 ... 46.0 47.0 48.0 49.0 50.0
　　* lon　　（lon）float64 70.0 71.0 72.0 73.0 74.0 ... 137.0 138.0 139.0 140.0

当 grid 参数设置的网格点正好位于数据原始网格点时，会直接取格点的值，若不在原始网格上，则由周围四个格点经双线性插值方法获得取值。若 grid 设置的网格超出原始网格范围，则会返回 None。MetEva 中所有的网格数据读取函数都包含 grid 参数，且用法相同。

在 MICAPS 第 2 类和第 11 类格式风场数据文件、MICAPS 分布式格式数据文件和接口、mosaic_v3 格式雷达拼图数据文件和 AWX 格式卫星数据文件中，都只是包含单个要素场，相应的数据读取函数的使用方法和 meb. read_griddata_from_micaps4 函数相似，本书不再赘述。

5.2.4.2　Netcdf 格式

Netcdf 能够存储多个要素场并且带压缩功能，在国内外都有非常广泛的应用。在 xarray 库中 DataSet 数据结构和 Netcdf 的存储结构完全对应，利用 xarray. open_dataset 函数可以轻易读取 Netcdf 文件，In[11]已给出了读取的方法。但是，用 xarray 读入的数据只是一般的

DataSet 或 DataArray 格式。MetEva 中将 open_data 和 xarray_to_griddata 函数封装成一个函数，这样读入的数据就是 grid_data 格式。使用方法为：

In[23] ▶
```
grd = meb. read_griddata_from_nc(path,value_name = "sst",
                      lon_dim= "lonS",lat_dim = "latS")
print(grd)
```

Out[23]: <xarray. DataArray 'sst' (member：1, level：1, time：1, dtime：1, lat：561,lon：721)>
array([[[[[28.170801 , 28.170801 , 28.170801 ,..., 0.   ,
          27.164701 , 29.1769   ],
         [28.170801 , 28.170801 , 28.170801 ,..., 15.091501 ,
          29.1769   , 29.1769   ],
         [28.170801 , 28.170801 , 28.170801 ,..., 5.0305004 ,
          5.0305004, 5.0305004],
         ...,
         [0.   , 0.   , 0.   ,..., 0.   ,
           0.   , 0.   ],
         [0.   , 0.   , 0.   ,..., 0.   ,
           0.   , 0.   ],
         [0.   , 0.   , 0.   ,..., 0.   ,
           0.   , 0.   ]]]]]], dtype=float32)

Coordinates：
  * member   (member) <U5 'data0'
  * level   (level) int32 0
  * time   (time) datetime64[ns] 2021-04-06
  * dtime   (dtime) int32 0
  * lat   (lat) float32 −10.0 −9.875 −9.75 −9.625 ... 59.62 59.75 59.88 60.0
  * lon   (lon) float32 60.0 60.12 60.25 60.38 ... 149.6 149.8 149.9 150.0
Attributes：
    units：   C
    long_name：   Sea surface temperature

上述示例中，value_name 用于指定要读入的要素场名称，lon_dim = "lonS" 和 lat_dim = "latS" 用于指定数据文件中"lonS"代表经度，"latS"代表纬度。

5.2.4.3　Grib 格式

Grib 是另一种能够存储多个要素场并且带压缩功能的格式，在数值模式研发部门应用广泛。用 xarray. open_dataset 函数也可以读取 Grib 文件，但需要先安装 eccodes 和 cfgrib 两个依赖包。安装方式为：

conda install -c conda-forge eccodes
conda install -c conda-forge cfgrib

安装之后需要设置环境变量，在 Windows 环境变量配置窗口的"系统变量"点击"新建系统变量"，设置内容示例：

变量名：ECCODES_DEFINITION_PATH
变量值：C:\program1\anaconda\Library\share\eccodes\definitions

　　由于业务中 grib 格式数据经常没有格式规范,导致 cfgrib 库不能完整解析某些 grib 文件。为了正确地读取 grib 文件数据,在读取数据前首先需要通过 meb. print_grib_file_info 函数查看数据的内容,以及读取各个要素场所需要添加的读取参数。该函数只需将数据路径作为输入即可,具体的用法如下:

In[24]　▶
```
meb. print_grib_file_info(r"D:\book\test_data\input\test0. grib")
```

Out[24]:　**

使用参数 filter_by_keys ＝ {}查看到的数据内容为:

＜xarray. Dataset＞

Dimensions:	(number:10, time:4, isobaricInhPa:2, latitude:61, longitude:120)
Coordinates:	
* number	(number) int32 0 1 2 3 4 5 6 7 8 9
* time	(time) datetime64[ns] 2017-01-01 ... 2017-01-02T12:00:00
step	timedelta64[ns] ...
* isobaricInhPa	(isobaricInhPa) int32 850 500
* latitude	(latitude) float64 90.0 87.0 84.0 81.0 ... −84.0 −87.0 −90.0
* longitude	(longitude) float64 0.0 3.0 6.0 9.0 ... 351.0 354.0 357.0
valid_time	(time) datetime64[ns] ...
Data variables:	
z	(number, time, isobaricInhPa, latitude, longitude) float32 ...
t	(number, time, isobaricInhPa, latitude, longitude) float32 ...
Attributes:	
GRIB_edition:	1
GRIB_centre:	ecmf
GRIB_centreDescription:	European Centre for Medium-Range Weather Forecasts
GRIB_subCentre:	0
Conventions:	CF-1. 7
institution:	European Centre for Medium−Range Weather Forecasts
history:	2023-04-09T21:18:10 GRIB to CDM＋CF via cfgrib−0. ...

****

请在读取该 grib 文件时添加参数

filter_by_keys＝ {'typeOfLevel':'isobaricInhPa'}

　　上面的示例中,通过 meb. print_grib_file_info 在控制台打印了数据的内容信息,包括维度、坐标和变量名称等。另外,还打印了正确读取数据需要添加的参数。根据上面的信息,可以判断它包含了等压面 850 hPa 和 500 hPa 上的温度(t)和位势高度(z)。此外,还有些信息需要通过和数据提供者沟通才能了解。例如,通过和数据提供者沟通,了解到上面的示例中 number 代表的是时效。

　　进一步读取 grib 数据可以使用 meb. read_griddata_from_grib 来完成,根据上面打印的信息,假设要读取其中的温度,则可以采用如下方式:

In[25] ▶
```
grd = meb.read_griddata_from_grib(r"D:\book\test_data\input\test0.grib",
                    value_name="t",dtime_dim = "number",
                    filter_by_keys= {'typeOfLevel':'isobaricInhPa'})
print(grd)
```

Out[25]: <xarray.DataArray 't' (member: 1, level: 2, time: 4,dtime: 10, lat: 61, lon: 120)>
array([[[[[258.5401 , 258.5401 , 258.5401 , ..., 258.5401 ,
          258.5401 , 258.5401],
         [258.1612 , 258.15143, 258.15143, ..., 258.40143,
          258.27643, 258.1983],
         [258.71198, 258.49323, 258.22565, ..., 259.14752,
          259.04987, 258.8897],

         ....,
```

在上面的示例中,参数 value_name 是指定要读入的变量名,参数 dtime_dtime 是指定数据中代表时效维度的名称。参数 filter_by_keys 是根据 meb.print_grib_file_info 给出的提示信息添加的部分,通常它用于指定数据的层次类型,有时也包含用于指定变量是累计量(如降水)还是瞬时量(如温度)的信息。

### 5.2.4.4 大数据云平台

在读取大数据云平台上的站点数据前需要完成 3 项准备工作:

①申请账号和相关的数据权限;

②设置配置文件,上文已介绍;

③查询要读入数据的数据编码、要素代码、层次类型、可用层次和可用时效等信息。

在完成准备工作后,可以使用 meb.read_griddata_from_cmadaas 来读取数据,它包含 dataCode(数据编码)、element(要素代码)、level_type(层次类型)、level(要读入的数据层次)和 time(要读入的数据时间)等必须设置的参数。示例如下:

In[26] ▶
```
grd = meb.read_griddata_from_cmadaas("NAFP_ECMF_C1D_ANEA_ANA",
        "WIU",level_type = 100,level = 850,time = "2022070112",dtime = 0)
print(grd)
```

Out[26]: <xarray.DataArray 'WIU' (member: 1, level: 1,time:1,dtime: 1, lat: 281, lon: 361)>
array([[[[[-13.373718  , -12.967468  , -12.576843  , ...,
           -3.2174683 ,  -5.0299683 ,  -7.0299683 ],
         [-13.201843  , -12.842468  , -12.248718  , ...,
           -3.3112183 ,  -4.2643433 ,  -5.6393433 ],
         [-12.920593  , -12.514343  , -12.014343  , ...,
           -3.2330933 ,  -3.6237183 ,  -5.1080933 ],

         ....,
         [  0.04815674,  -0.37371826,  -0.37371826, ...,
           -5.5612183 ,  -5.7799683 ,  -5.4987183 ],
         [  0.45440674,  -0.34246826,  -0.45184326, ...,
           -4.5143433 ,  -5.0143433 ,  -5.4987183 ],
         [ -0.06121826,   0.18878174,   0.84503174, ...,
```

-4.4830933，　-4.9049683，　-5.3268433]]]]]])

Coordinates：

* member　（member）$<$U22 'WIU'
* level　　（level）int32 850
* time　　（time）datetime64[ns] 2022$-$07$-$01T12:00:00
* dtime　　（dtime）int32 0
* lat　　　（lat）float64 -10.0 -9.75 -9.5 -9.25 -9.0 ... 59.25 59.5 59.75 60.0
* lon　　　（lon）float64 60.0 60.25 60.5 60.75 ... 149.2 149.5 149.8 150.0

需要注意的是，在大数据云平台上许多模式的零场和预报场对应的数据编码并不相同。例如，ECMWF 模式的零场和预报场的数据编码分别是 NAFP_ECMF_C1D_ANEA_ANA 和 NAFP_FOR_FTM_HIGH_EC_ANEA。

5.2.5　输出数据至文件

在日常工作中，经常需要下载和备份数据、裁剪数据或对数据文件格式进行转换。这些操作需求其实都可通过两个简单的步骤来完成：读取数据和输出数据。读取数据的方法在前两节已有叙述，本节就进一步输出数据的方法做简单的陈述。

站点数据是 DataFrame 的一种，因此，DataFrame 的输出功能对站点数据都适用。例如：

In[27]
```
hdf_path = r"D:\book\test_data\output\sta.h5"
meb.creat_path(hdf_path)          # 根据路径逐级创建文件夹
sta.to_hdf(hdf_path,"df")         # 将站点数据输出成 hdf 格式
csv_path = r"D:\book\test_data\output\sta.csv"
sta.to_csv(csv_path)
```

在上面的示例中，通过 to_hdf 和 to_csv 将站点数据输出成 hdf 和 csv 格式，前者是带压缩的，比后者更节省存储空间，但后者是文本文件，更便于查看文件内容。在使用 to_hdf 函数时必须增加参数"df"，否则会报错。在输出数据时，如果输出路径对应的文件目录不存在，则会报错退出，为此可以使用 meb.creat_path 函数为输出路径创建相应的文件夹，调用方法如上例所示。

如果站点数据中只包含同一时刻不同站点的数据，则可以通过如下方式输出成 MICAPS 第 3 类格式：

In[28]
```
# 将站点数据写入 MICAPS 第 3 类格式文本文件
m3_path = r"D:\book\test_data\input\200112\20011200.000.txt"
meb.write_stadata_to_micaps3(sta,m3_path,creat_dir=True)
```

Out[28]：True

上述示例中，设置了参数 creat_dir = True，输出数据时会自动创建各级目录，在需要将数据批量输出到多个以时间命名的目录时就可设置该参数值。此外，输出函数会返回一个 boolean 值，当输出成功时返回 True。

网格数据可以输出成 MICAPS 第 4 类格式和 NetCDF 格式，方式如下：

In[29] ▶
```
m4_path = r"D:\book\test_data\output\m4.txt"    # MICAPS4 数据路径
meb.write_griddata_to_micaps4(grd,m4_path,show = True)
nc_path = r"D:\book\test_data\output\grd.nc"    # NC 数据路径
meb.write_griddata_to_nc(grd,nc_path,show = True)
```

Out[29]：成功输出至 D:\book\test_data\output\m4.txt
成功输出至 D:\book\test_data\output\grd.nc
True

在输出时设置参数 show＝True,则会在控制台打印文件输出相关的信息。

5.3 插值

为了展示插值效果,以下生成一个内容比较简单的网格数据作为示例。

In[30] ▶
```
grid0 = meb.grid([100,102,1],[20,22,1],gtime = ["2022070108"])
x= np.arange(3)
y= np.arange(3)
dat,_ = np.meshgrid(x,y)
grd = meb.grid_data(grid0,dat) # 根据网格信息和 numpy 数组生成网格数据
print(grd)
```

Out[30]：＜xarray.DataArray 'data0' (member：1, level：1, time：1, dtime：1,lat：3, lon：3)＞
.array([[[[[0, 1, 2],
            [0, 1, 2],
            [0, 1, 2]]]]])
Coordinates：
  * member   (member) ＜U5 'data0'
  * level   (level) int32 0
  * time   (time) datetime64[ns] 2022-07-01T08:00:00
  * dtime   (dtime) int32 0
  * lat   (lat) int32 20 21 22
  * lon   (lon) int32 100 101 102

5.3.1 格点插值到格点

基于格点实况的检验中,经常需要将不同分辨率的预报和观测数据统一到同一网格,此时就需要用到格点到格点的插值。在第 5.2.4 节已经提到读取网格数据时如果设置了网格参数,读取的数据会自动通过双线性方法插值到指定网格上。实际上,双线性插值的方法也可以单独使用,具体应用方法如下：

In[31] ▶
```
grid1 = meb.grid([100,102,0.5],[20,22,0.5])
grd1 = meb.interp_gg_linear(grd,grid1)
print(grd1)
```

Out[31]：　＜xarray. DataArray 'data0' (member：1, level：1,time：1, dtime：1, lat：5, lon：5)＞
array([[[[[[0. , 0.5, 1. , 1.5, 2.],

[0. , 0.5, 1. , 1.5, 2.],

[0. , 0.5, 1. , 1.5, 2.],

[0. , 0.5, 1. , 1.5, 2.],

[0. , 0.5, 1. , 1.5, 2.]]]]]])

Coordinates：

* member 　　(member) ＜U5 'data0'

* level 　　　(level) int32 0

* time 　　　(time) datetime64[ns] 2022-07-01T08：00：00

* dtime 　　 (dtime) int32 0

* lat 　　　 (lat) float64 20.0 20.5 21.0 21.5 22.0

* lon 　　　 (lon) float64 100.0 100.5 101.0 101.5 102.0

　　如上例所示,插值返回的结果中,时间维度的坐标和插值前是保持一致的,其他插值方法也遵照同样的规则。

5.3.2　格点插值到站点

　　MetEva 中将格点数据插值到站点的算法有邻近点插值、双线性插值和双三次插值,它们适用于不同的应用场景。邻近点插值的精度是最低的,但是它最有可能保持极大值和极小值。对于降水和低能见度预报,通常采用 ts 评分或 ets 评分进行质量评估,此类评分常用于检验极端事件的预报能力,因此,将降水和能见度等要素插值到站点时通常选择邻近点插值方案。双线性插值精度比邻近点插值更高,但会削弱极值,它通常用于温度和相对湿度等要素的插值当中。双三次插值精度比前两种更高,但是它有可能加强极值,因此,在检验中并不常用,主要是用于空间变化比较平缓的要素(例如,高度场)的插值。格点到站点的插值示例如下:

In[32]　▶
```
station = meb. read_station(meb. station_国家站)
sta = meb. interp_gs_nearest(grd,station)
print("邻近点插值:")
print(sta)
print("双线性插值:")
sta = meb. interp_gs_linear(grd,station)
print(sta)
```

Out[32]：邻近点插值:

	level	time	dtime	id	lon	lat	data0
1271	0	2022-07-01 08：00：00	0	56958	100.42	21.92	0
1272	0	2022-07-01 08：00：00	0	56959	100.78	22.00	1
1277	0	2022-07-01 08：00：00	0	56969	101.58	21.47	2

双线性插值：

	level		time	dtime	id	lon	lat	data0
1271	0	2022-07-01 08：00：00		0	56958	100.42	21.92	0.42
1272	0	2022-07-01 08：00：00		0	56959	100.78	22.00	0.78
1277	0	2022-07-01 08：00：00		0	56969	101.58	21.47	1.58

通过上面的示例可以看到落在网格区域之外的站点在插值过程中被删除了。

5.3.3　站点插值到格点

在应用基于格点实况的检验评估方法时，如果实际可用的观测数据是站点数据，就需要使用到站点到格点的插值。MetEva 集成了反距离权重插值算法和 CRESSMAN 插值算法。其中反距离权重插值算法调用方法如下：

```
In[33]    ▶    grd2 = meb. interp_sg_idw(sta,grid1,effectR = 50,nearNum = 2)
               print(grd2)
```

```
Out[33]:  <xarray. DataArray 'data0' (member：1, level：1, time：1,dtime：1, lat：5, lon：5)>
          array([[[[[0.         , 0.         , 0.         , 0.         ,
                    0.         ],
                   [0.         , 0.         , 0.         , 0.         ,
                    0.         ],
                   [0.         , 0.         , 0.         , 0.         ,
                    0.         ],
                   [0.         , 0.55110157, 0.         , 1.57267642,
                    1.50716853],
                   [0.50357533, 0.47404331, 0.73559994, 0.         ,
                    0.         ]]]]])
          Coordinates：
          * member    (member) <U5 'data0'
          * level     (level) int32 0
          * time      (time) datetime64[ns] 2022-07-01T08：00：00
          * dtime     (dtime) int32 0
          * lat       (lat) float64 20.0 20.5 21.0 21.5 22.0
          * lon       (lon) float64 100.0 100.5 101.0 101.5 102.0
```

函数中参数 effectR 是影响半径，单位为 km。如果一个格点到最近站点的距离超过 effectR，则该格点值会采用背景格点场（默认值是 0）中的取值；与格点距离小于 effectR 的站点并不会全部参与权重插值，仅有距离最近的 nearNum 个数会参与。nearNum 是 ≥1 的整数，nearNum 越小，插值结果越能保持极值，而 nearNum 取为 10～20 时，插值精度更高，取值再增大则插值结果会过于平滑。

CRESSMAN 插值算法使用方法如下：

```
In[34]    ▶    grd3 = meb. interp_sg_cressman(sta,grid = grid1,
                          r_list = [1000,200,100,50],nearNum = 100)
               print(grd3)
```

Out[34]:　<xarray. DataArray ´data0´ (member：1，level：1，time：1,dtime：1，lat：5，lon：5)>
　　　　array([[[[[0.92477349，1.58　　　　，1.58　　　　，1.58　　　　，
　　　　　　　　1.58　　　　]，
　　　　　　　[0.58768831，0.95717265，1.15942888，1.4157657 ，
　　　　　　　　1.58　　　　]，
　　　　　　　[0.71263015，0.87659702，1.58　　　　，1.58　　　　，
　　　　　　　　1.58　　　　]，
　　　　　　　[0.43736957，0.42　　　　，1.01101271，1.58　　　　，
　　　　　　　　1.58　　　　]，
　　　　　　　[0.42　　　　，0.5496057 ，0.78　　　　，1.27785191，
　　　　　　　　1.58　　　　]]]]])
　　　　Coordinates：
　　　　　 * member　　（member）＜U5 'data0'
　　　　　 * level　　　（level）int32 0
　　　　　 * time　　　 （time）datetime64[ns] 2022-07-01T08：00：00
　　　　　 * dtime　　 （dtime）int32 0
　　　　　 * lat　　　　（lat）float64 20.0 20.5 21.0 21.5 22.0
　　　　　 * lon　　　　（lon）float64 100.0 100.5 101.0 101.5 102.0

在上面的示例中，r_list 是影响半径序列，由大到小排列，单位为 km。CRESSMAN 插值方法会由大到小依次用不同的影响半径来进行插值，既保证距离站点足够远的格点有值，又保证站点密集区域的格点插值结果更精细。实际上，当影响半径非常大时，能扫描到的邻近站点非常多，对改进插值效果并无益处，而且会显著降低插值效率，此时可以通过设置 nearNum 参数限制每一轮插值所用到的最大站点数，从而提升效率。

5.4　转换

在大部分情况下，站点检验会基于统一的站点表进行，在使用 MetEva 的读取函数时通过设置 station 参数，就可以自动将读入的数据统一到指定站点表上。若获取的数据不是基于 MetEva 提供的函数，也可以利用 meb. put_stadata_on_station 将站点数据按照站号匹配到指定站点表上，方法如下：

In[35]　▶
```
sta_0 = meb. comp. put_stadata_on_station(sta，station)
print(sta_0)
```

Out[35]:

	level	time	dtime	id	lon	lat	data0
0	0	2022-07-01 08：00：00	0	50136	122.52	52.97	0.0
1	0	2022-07-01 08：00：00	0	50137	122.37	53.47	0.0
2	0	2022-07-01 08：00：00	0	50246	124.72	52.35	0.0
...	...		...	...	...	...	...

2410	0	2022-07-01 08:00:00	0	59981	112.33	16.83	0.0

[2411 rows x 7 columns]

在返回的结果中 level、time、dtime 列取值和 sta 一致,站号、经度、纬度和 station 一致。对于数据列部分,在 sta 中有对应站号的部分采用 sta 的值,sta 中没有的则保持 station 中的值,因此,station 中数据列决定了每个站点的缺省值。在上面的示例中,station 数据列取值都为 0,sta 中只包含 3 个站点,将其统一到 station 后,数据列取值大部分都是 0(3 个不为 0 的数值在中间被省略显示了)。

在业务中,为了节省存储空间,常常对降水和强对流等低频率事件的观测数据仅保留数值大于 0 的部分,此时一个站点不在数据文件中不代表它是缺测的,而是取值为 0。在此类情景下,将站点表中的缺省值设置为 0 是合理的选择。但对于温度这类任何情况下都应有值的要素,一个站点不在数据文件中,只能代表它是缺测的。此时要统一站点表,需将 station 的数据列设置为缺测值 meb.IV,具体方式如下:

In[36] ▶
```
station.iloc[:, -1] = meb.IV
sta_iv = meb.comp.put_stadata_on_station(sta, station)
print(sta_iv)
```

Out[36]:

	level	time	dtime	id	lon	lat	data0
0	0	2022-07-01 08:00:00	0	50136	122.52	52.97	999999.0
1	0	2022-07-01 08:00:00	0	50137	122.37	53.47	999999.0
2	0	2022-07-01 08:00:00	0	50246	124.72	52.35	999999.0
...	...	...	...	...	...	...	...
2409	0	2022-07-01 08:00:00	0	59954	110.03	18.55	999999.0
2410	0	2022-07-01 08:00:00	0	59981	112.33	16.83	999999.0

[2411 rows x 7 columns]

在上面的示例中,mem.IV 是 MetEva 内置的缺省值 999999。

在第 4 章介绍的分类检验评估都是基于站点数据结构的,但有些检验评估需要基于格点实况进行,例如,对雷达回波预报的检验,若检验的数据规模很大,可以应用将在第 8 章介绍的方法。若数据规模不大,可以将格点数据转换成站点形式,继续使用第 4 章介绍的检验方法。将格点数据转换成站点数据的方式如下:

In[37] ▶
```
sta3 = meb.trans_grd_to_sta(grd3)
print(sta3)
```

Out[37]:

	level	time	dtime	id	lon	lat	data0
0	0	2022-07-01 08:00:00	0	0	100.0	20.0	0.924773
1	0	2022-07-01 08:00:00	0	1	100.5	20.0	1.580000
2	0	2022-07-01 08:00:00	0	2	101.0	20.0	1.580000
3	0	2022-07-01 08:00:00	0	3	101.5	20.0	1.580000
...	...	...	...	...	...	...	...

转换后的时空坐标仍然和格点数据一致,而站号 id 是顺序生成的。因此,在将格点实况和预报转成站点前,务必保持实况和预报的水平网格范围和间距一致。

业务中,有时需要对预报员绘制的等值线预报进行检验,为了与站点上的观测数据进行匹配,需要将等值线转换成站点预报。此时,可以使用 meb. tran_contours_to_sta 函数进行转换。示例如下:

In[38] ▶
```
path = r"D:\book\test_data\input\rr052320.024"    #主观预报等值线文件路径
time1 = datetime. datetime(2021,5,23,20,0)         #起报时间
m14 = meb. read_micaps14(path,time = time1,dtime = 24)#读取等值线数据
grade_list = [0. 1,10,25,50,100,250,1000]          #需要转换的等级
sta_from_contours = meb. trans_contours_to_sta(m14,station,
                           grade_list=grade_list)
print(sta_from_contours)
```

Out[38]:

	level	time	dtime	id	lon	lat	data0
0	0	2099-01-01 08:00:00	0	50136	122.52	52.97	0.1
1	0	2099-01-01 08:00:00	0	50137	122.37	53.47	0.1
2	0	2099-01-01 08:00:00	0	50246	124.72	52.35	0.1
...	...	...	...	...	...	...	...
2409	0	2099-01-01 08:00:00	0	59954	110.03	18.55	0.1
2410	0	2099-01-01 08:00:00	0	59981	112.33	16.83	10.0

[2411 rows x 7 columns]

业务发布的主观预报和精细化网格预报能够参考到的数值模式产品通常是 6 h 或 12 h 前起报的结果。为了定量对比网格预报相对数值模式预报的改进效果,经常需要将模式数据的时间-时效进行平移,例如,将模式 1 日 08 时 36 h 预报重新记为 1 日 20 时 24 h,这样就与网格预报的 1 日 20 时 24 h 的预报在时空坐标上进行对应。例如,下面是一份包含了一个站点单一起报时间的逐 6 h 时效的预报数据。

In[39] ▶
```
sta_fo = meb. sta_data(pd. DataFrame({"level":np. zeros(10),
        "time":datetime. datetime(2020,7,1,8),
        "dtime":np. arange(6,61,6),"id":np. ones(10),
        "lon":np. ones(10),"lat":np. ones(10),"ec":np. arange(10)}))
print(sta_fo)
```

Out[39]:

	level	time	dtime	id	lon	lat	ec
0	0.0	2020-07-01 08:00:00	6	1	1.0	1.0	0
1	0.0	2020-07-01 08:00:00	12	1	1.0	1.0	1
2	0.0	2020-07-01 08:00:00	18	1	1.0	1.0	2
3	0.0	2020-07-01 08:00:00	24	1	1.0	1.0	3
4	0.0	2020-07-01 08:00:00	30	1	1.0	1.0	4
5	0.0	2020-07-01 08:00:00	36	1	1.0	1.0	5

6	0.0	2020-07-01 08：00：00	42	1	1.0	1.0	6
7	0.0	2020-07-01 08：00：00	48	1	1.0	1.0	7
8	0.0	2020-07-01 08：00：00	54	1	1.0	1.0	8
9	0.0	2020-07-01 08：00：00	60	1	1.0	1.0	9

作 12 h 的时间平移后，起报时间列增加了 12 h，而预报时效减小 12 h。结果如下：

In[40]

```
sta_fo_moved12 = meb. move_fo_time(sta_fo,12)
print(sta_fo_moved12) #时间平移后的预报数据
```

Out[40]:

	level	time	dtime	id	lon	lat	ec
0	0.0	2020-07-01 20：00：00	−6	1	1.0	1.0	0
1	0.0	2020-07-01 20：00：00	0	1	1.0	1.0	1
2	0.0	2020-07-01 20：00：00	6	1	1.0	1.0	2
3	0.0	2020-07-01 20：00：00	12	1	1.0	1.0	3
4	0.0	2020-07-01 20：00：00	18	1	1.0	1.0	4
5	0.0	2020-07-01 20：00：00	24	1	1.0	1.0	5
6	0.0	2020-07-01 20：00：00	30	1	1.0	1.0	6
7	0.0	2020-07-01 20：00：00	36	1	1.0	1.0	7
8	0.0	2020-07-01 20：00：00	42	1	1.0	1.0	8
9	0.0	2020-07-01 20：00：00	48	1	1.0	1.0	9

5.5 统计

开展检验评估时收集到的观测和预报数据不一定就是要检验的对象。例如：

①原始观测数据是 1 h 降水，但需要检验 3 h 降水预报；

②原始观测数据是 3 h 内最高温度，但需要检验 24 h 最高温度预报；

③模式预报的降水量是随时效逐级递增的累计量，但需要检验 24 h 降水预报；

④模式预报是逐 3 h 整点温度，但需要检验 24 h 变温预报。

上述几种场景在实际业务中十分常见，这时需要对观测和预报数据进行统计，计算出需要检验的物理量值。针对这类统计需求，MetEva 提供了多种便利的函数功能。

为了展示 MetEva 统计功能的应用方法和效果，以下采用 In[39]中的 sta_fo 作为预报示例数据，再生成 1 份包含了 48 h 内逐 3 h 的一个单站数据，用于代表观测数据示例。

In[41]

```
sta_ob = meb. sta_data(pd. DataFrame({"level":np. zeros(16),
"time":pd. date_range("2020-7-1 11：00","2020-7-3 08：00 ",freq = "3h"),
        "dtime":np. zeros(16). astype(np. int),"id":np. ones(16),
        "lon":np. zeros(16),"lat":np. zeros(16),"ob":np. arange(16)}))
print(sta_ob)
```

Out[41]:

	level	time	dtime	id	lon	lat	ob
0	0.0	2020-07-01 11:00:00	0	1	0.0	0.0	0
1	0.0	2020-07-01 14:00:00	0	1	0.0	0.0	1
2	0.0	2020-07-01 17:00:00	0	1	0.0	0.0	2
3	0.0	2020-07-01 20:00:00	0	1	0.0	0.0	3
4	0.0	2020-07-01 23:00:00	0	1	0.0	0.0	4
5	0.0	2020-07-02 02:00:00	0	1	0.0	0.0	5
6	0.0	2020-07-02 05:00:00	0	1	0.0	0.0	6
7	0.0	2020-07-02 08:00:00	0	1	0.0	0.0	7
8	0.0	2020-07-02 11:00:00	0	1	0.0	0.0	8
9	0.0	2020-07-02 14:00:00	0	1	0.0	0.0	9
10	0.0	2020-07-02 17:00:00	0	1	0.0	0.0	10
11	0.0	2020-07-02 20:00:00	0	1	0.0	0.0	11
12	0.0	2020-07-02 23:00:00	0	1	0.0	0.0	12
13	0.0	2020-07-03 02:00:00	0	1	0.0	0.0	13
14	0.0	2020-07-03 05:00:00	0	1	0.0	0.0	14
15	0.0	2020-07-03 08:00:00	0	1	0.0	0.0	15

假设上面的数据值代表的是每段时间的降水量,要根据它们统计更长时段的累计量,则可以用 meb. sum_of_sta 函数来实现。下面显示对观测数据在时间维度的求和方法:

In[42] ▶
```
sta_sum = meb. sum_of_sta(sta_ob,used_coords="time")
print(sta_sum) # 对所有时刻求和
```

Out[42]:

	level	time	dtime	id	lon	lat	ob
0	0.0	2020-07-03 08:00:00	0	1	0.0	0.0	120

在示例中,used_coods = "time"表示在时间维度求和。通常而言,对观测数据的统计是在时间维度上,对预报则是在时效维度上。对时效维度统计时,设置 used_coods= "dtime"即可。

In[43] ▶
```
sta_sum = meb. sum_of_sta(sta_fo,used_coords=["dtime"])
print(sta_sum) # 对所有时效求和
```

Out[43]:

	level	time	dtime	id	lon	lat	ec
0	0.0	2020-07-01 08:00:00	60	1	1.0	1.0	45

在上面的示例中,统计的结果是所有时间或时效的总和,如果要统计某个时间跨度的累计量,需要增加参数 span,例如:

In[44] ▶
```
sta_sum = meb. sum_of_sta(sta_ob,used_coords="time",span = 24)
print(sta_sum) # 24 h 窗口滑动求和
```

Out[44]:

	level	time	dtime	id	lon	lat	ob
0	0.0	2020-07-02 08:00:00	0	1	0.0	0.0	28

1	0.0	2020-07-02 11:00:00	0	1	0.0	0.0	36
2	0.0	2020-07-02 14:00:00	0	1	0.0	0.0	44
3	0.0	2020-07-02 17:00:00	0	1	0.0	0.0	52
4	0.0	2020-07-02 20:00:00	0	1	0.0	0.0	60
5	0.0	2020-07-02 23:00:00	0	1	0.0	0.0	68
6	0.0	2020-07-03 02:00:00	0	1	0.0	0.0	76
7	0.0	2020-07-03 05:00:00	0	1	0.0	0.0	84
8	0.0	2020-07-03 08:00:00	0	1	0.0	0.0	92

在上面的示例中，span 是累加的时间跨度，span = 24 表示返回结果是 24 h 累加量。用户不需要思考要用几个时段数据进行累计，meb. sum_of_sta 会自动根据原始数据的时间间隔确定需要累计的时段数目。另外，meb. sum_of_sta 默认情况下会滑动地求和，因此，在上面结果中，第 1 行代表 1 日 11 时—2 日 08 时的累加值，第 2 行代表 1 日 14 时—2 日 11 时的累加值，其余类似。

可能对于有些用户来说，并不需要滚动更新的结果，只需要保留间距和 span 等长各段时间的累计结果，则可按下面的方式设置参数：

In[45] ▶
```
sta_sum = meb. sum_of_sta(sta_ob, used_coords = "time",
    span = 24, keep_all = False)
print(sta_sum)  # 24 h 窗口滑动求和
```

Out[45]:

	level	time	dtime	id	lon	lat	ob
0	0.0	2020-07-02 08:00:00	0	1	0.0	0.0	28
8	0.0	2020-07-03 08:00:00	0	1	0.0	0.0	92

在上面的示例中，设置 keep_all = False 表示不保留所有滚动求和结果，只保留 1 日 11 时—2 日 08 时、2 日 11 时—3 日 08 时两段 24 h 间隔的求和结果，其中，被保留数据的最后一行时间点和原始数据中最后一行的时间点相同。

假设上面的数据值代表的是每段时间的最高温度，要根据它们统计更长时段的最高温度，则可以用 meb. max_of_sta 函数来实现。例如：

In[46] ▶
```
sta_max = meb. max_of_sta(sta_fo, used_coords = "dtime", span = 24)
print(sta_max)  # 24 h 时效窗口滑动求最大
```

Out[46]:

	level	time	dtime	id	lon	lat	ec
3	0.0	2020-07-01 08:00:00	24	1	1.0	1.0	3.0
4	0.0	2020-07-01 08:00:00	30	1	1.0	1.0	4.0
5	0.0	2020-07-01 08:00:00	36	1	1.0	1.0	5.0
6	0.0	2020-07-01 08:00:00	42	1	1.0	1.0	6.0
7	0.0	2020-07-01 08:00:00	48	1	1.0	1.0	7.0
8	0.0	2020-07-01 08:00:00	54	1	1.0	1.0	8.0
9	0.0	2020-07-01 08:00:00	60	1	1.0	1.0	9.0

在上面的示例中,通过设置参数 use_coords＝"dtime",span＝24 对时效维度进行了 24 h 滑动求最大值的统计。此外,在 meteva. base 模块中还有函数 min_of_sta、mean_of_sta 和 std_of_sta,可以分别进行最小值、平均值和标准差的统计,使用方法与 sum_of_sta 类似。

假设上面的数据值代表的是模式预报的累计降水量,要根据它们计算出分段降水量,则可以用 meb. chang 函数来实现。例如:

In[47] ▶
```
sta_24 = meb. change(sta_fo,used_coords="dtime",delta = 24)
print(sta_24) # 计算时效维度 24 h 间隔的变化
```

Out[47]:

	level	time	dtime	id	lon	lat	ec
0	0.0	2020-07-01 08:00:00	30	1	1.0	1.0	4
1	0.0	2020-07-01 08:00:00	36	1	1.0	1.0	4
2	0.0	2020-07-01 08:00:00	42	1	1.0	1.0	4
3	0.0	2020-07-01 08:00:00	48	1	1.0	1.0	4
4	0.0	2020-07-01 08:00:00	54	1	1.0	1.0	4
5	0.0	2020-07-01 08:00:00	60	1	1.0	1.0	4

在上面的示例中,delta 是计算变化的时间间隔,当统计 24 h 变化量时,需要设置 delta＝24。 meb. change 在默认情况下会滑动地求变化量,在上面结果中,第 1 行代表 6～30 h 时效内的变化量,因此,可以代表 30 h 时效的 24 h 降水量,其余行类似。结果中并没有 24 h 时效的结果,因为原始数据中没有 0 h 时效值,因此,无法计算 24 h 的变化量。这个示例提示我们,在收集降水预报数据时,如果预报数据中是累计降水量,需要把 0 h 时效的降水量也包含进来。

假设上面的数据值代表的是整点的温度,要根据它们计算出 24 h 变温,同样可以用 meb. chang 函数来实现。例如:

In[48] ▶
```
sta_24 = meb. change(sta_ob,used_coords="time",delta = 24)
print(sta_24) # 计算时间维度 24 h 间隔的变化
```

Out[48]:

	level	time	dtime	id	lon	lat	ob
0	0.0	2020-07-02 11:00:00	0	1	0.0	0.0	8
1	0.0	2020-07-02 14:00:00	0	1	0.0	0.0	8
2	0.0	2020-07-02 17:00:00	0	1	0.0	0.0	8
3	0.0	2020-07-02 20:00:00	0	1	0.0	0.0	8
4	0.0	2020-07-02 23:00:00	0	1	0.0	0.0	8
5	0.0	2020-07-03 02:00:00	0	1	0.0	0.0	8
6	0.0	2020-07-03 05:00:00	0	1	0.0	0.0	8
7	0.0	2020-07-03 08:00:00	0	1	0.0	0.0	8

在上面的示例中,通过设置 use_coords＝"time"、detla＝24 进行时间维度的 24 h 变化量计算,所得结果即代表了 24 h 变温。

上述统计模块默认都是滑动统计的,所得结果中可能有些行不是所需要的,但也不必立刻将它们删除,在后续的观测和预报匹配的步骤中,有些观测和预报在时间上不能匹配的行自然就会被删除。另外,在上面的示例中,只展示了一个站点的情况,实际上当输入数据中包含多个站点时,上述功能会自动对每个站点进行统计,再把最终结果重新合并成一个 sta_data 变量。

5.6   诊断

在检验评估中,原始数据的要素可能不是检验对象,例如,模式输出的预报场中包括温度和露点温度,但需要检验的是相对湿度的预报。此类情形下就需要使用诊断功能。

以下是一份站点形式的温度和露点温度数据,温度是以 K 为单位,露点温度是以℃为单位,并且它们的行数也不同。

In[49] ▶
```python
sta_t = meb.sta_data(pd.DataFrame({"level":np.zeros(4),
    "time":datetime.datetime(2020,7,1,8),"dtime":np.arange(6,25,6),
    "id":np.ones(4),"lon":np.ones(4),"lat":np.ones(4),
    "ec":np.arange(0,31,10)+273.15}))
print("站点温度数据:")
print(sta_t)
sta_dpt = meb.sta_data(pd.DataFrame({"level":np.zeros(2),
    "time":datetime.datetime(2020,7,1,8),"dtime":np.arange(12,25,12)
    ,"id":np.ones(2),"lon":np.ones(2),"lat":np.ones(2),
    "ec":np.arange(0,31,20)}))
print("站点露点温度数据:")
print(sta_dpt)
```

Out[49]:   站点温度数据:

	level	time	dtime	id	lon	lat	ec
0	0.0	2020-07-01 08:00:00	6	1	1.0	1.0	273.15
1	0.0	2020-07-01 08:00:00	12	1	1.0	1.0	283.15
2	0.0	2020-07-01 08:00:00	18	1	1.0	1.0	293.15
3	0.0	2020-07-01 08:00:00	24	1	1.0	1.0	303.15

站点露点温度数据:

	level	time	dtime	id	lon	lat	ec
0	0.0	2020-07-01 08:00:00	12	1	1.0	1.0	0
1	0.0	2020-07-01 08:00:00	24	1	1.0	1.0	20

将温度和露点温度转换成相对湿度的函数是 meb.t_dtp_to_rh,它会自动对温度和露点温度数据按时空坐标进行匹配,删除不能匹配的部分,也会自动判断温度和露点的单位,在计算前统一成摄氏度(℃)。因此,调用该函数的方式非常简单,示例如下:

```
In[50]  ▶  rh = meb. t_dtp_to_rh(sta_t,sta_dpt)
           print(rh)
```

Out[50]:

	level	time	dtime	id	lon	lat	rh
0	0.0	2020-07-01 08:00:00	12	1	1.0	1.0	49.691885
1	0.0	2020-07-01 08:00:00	24	1	1.0	1.0	55.110084

另一个最常用的诊断是风向、风速和 U、V 分量之间的转换。以下是一份站点形式的 U 分量和 V 分量的数据:

```
In[51]  ▶  sta_u = meb. sta_data(pd. DataFrame({"level":np. zeros(4),
              "time":datetime. datetime(2020,7,1,8),"dtime":np. arange(6,25,6),
              "id":np. ones(4),"lon":np. ones(4),"lat":np. ones(4),
              "ec":[0,0,10,10]}))
           print("站点 U 分量数据:")
           print(sta_u)
           sta_v = meb. sta_data(pd. DataFrame({"level":np. zeros(2),
              "time":datetime. datetime(2020,7,1,8),"dtime":np. arange(12,25,12),
              "id":np. ones(2),"lon":np. ones(2),"lat":np. ones(2),"ec":[10,0]}))
           print("站点 V 分量数据:")
           print(sta_v)
```

Out[51]: 站点 U 分量数据:

	level	time	dtime	id	lon	lat	ec
0	0.0	2020-07-01 08:00:00	6	1	1.0	1.0	0
1	0.0	2020-07-01 08:00:00	12	1	1.0	1.0	0
2	0.0	2020-07-01 08:00:00	18	1	1.0	1.0	10
3	0.0	2020-07-01 08:00:00	24	1	1.0	1.0	10

站点 V 分量数据:

	level	time	dtime	id	lon	lat	ec
0	0.0	2020-07-01 08:00:00	12	1	1.0	1.0	10
1	0.0	2020-07-01 08:00:00	24	1	1.0	1.0	0

在实际数据环境中,U 分量和 V 分量可能存储在不同的数据文件中,因此,读入的时候它们是两个数据变量,但检验评估时需要将它们合并到同一个变量当中。合并方法如下示例所示:

```
In[52]  ▶  sta_wind = meb. u_v_to_wind(sta_u,sta_v)
           print(sta_wind)
```

Out[52]:

	level	time	dtime	id	lon	lat	u	v
0	0.0	2020-07-01 08:00:00	12	1	1.0	1.0	0	10
1	0.0	2020-07-01 08:00:00	24	1	1.0	1.0	10	0

如果需要检验的对象是风速或者风向,可以用如下方法将它们转换风向或风速:

In[53] ▶
```
sta_speed,sta_angle = meb. u_v_to_speed_angle(sta_u,sta_v)
print("站点风速数据:")
print(sta_speed)
print("站点风向数据:")
print(sta_angle)
```

Out[53]: 站点风速数据:

	level	time	dtime	id	lon	lat	speed0
0	0.0	2020-07-01 08:00:00	12	1	1.0	1.0	10.0
1	0.0	2020-07-01 08:00:00	24	1	1.0	1.0	10.0

站点风向数据:

	level	time	dtime	id	lon	lat	angle0
0	0.0	2020-07-01 08:00:00	12	1	1.0	1.0	180.0
1	0.0	2020-07-01 08:00:00	24	1	1.0	1.0	270.0

在上述示例中,转换函数返回的是包含两个元素的元组,如第 2.1.11 节介绍的,可用两个变量去接收返回结果。如果只需要风速,不需要风向,则可以用 sta_speed , _ 来接收返回结果,其中,_接收到的风向会被丢弃。在 MetEva 中,风向使用的是中国气象局的业务标准,以°为单位,并记正北风为 0°,正东风为 90°,通过对比上面示例中 U 分量和 V 分量和风向值可以验证。

风向风速同样可以方便地转换成包含 U 分量和 V 分量的数据,调用方法如下面的示例:

In[54] ▶
```
sta_wind1 = meb. speed_angle_to_wind(sta_speed,sta_angle)
print("站点 UV 数据:")
print(sta_wind1)
```

Out[54]: 站点 UV 数据:

	level	time	dtime	id	lon	lat	u	v
0	0.0	2020-07-01 08:00:00	12	1	1.0	1.0	−0.015925	9.999988
1	0.0	2020-07-01 08:00:00	24	1	1.0	1.0	9.999971	0.023889

从上面的示例可看到,将风向风速转换成 U 或 V 时,由于计算精度问题会存在微小的误差。如果只需要 U 分量或 V 分量,可以应用第 4 章介绍过的选取功能从风场数据中提取:

In[55] ▶
```
sta_u1 = meb. sele_by_para(sta_wind1,member = "u")
print("站点 U 数据:")
print(sta_u1)
```

Out[55]: 站点 U 数据:

	level	time	dtime	id	lon	lat	u
0	0.0	2020-07-01 08:00:00	12	1	1.0	1.0	−0.015925
1	0.0	2020-07-01 08:00:00	24	1	1.0	1.0	9.999971

5.7　邻域

在开展非常低频率气象事件的检验时,如果直接对标原始的观测进行检验,评价结果会非常不稳定,因此,实际业务中会对观测进行邻域处理。邻域处理的逻辑是如果一个站点附近一定距离内的任意站点上出现了事件,就认为该站点事件发生了。如果将事件未发生记为 0,事件发生了记为 1,一个站点邻域范围所有站点取值为 0,邻域处理后该站点取值仍为 0,如果邻域范围出现取值为 1 的点,该邻域处理后该站点取值为 1。这套逻辑简化表述就是"一个站点邻域处理后的取值等于其邻域范围内所有点的最大值"。使用 meb. max_in_r_of_sta 可以计算邻域范围内最大值,使用方法如下面的示例:

In[56]

```
rain_01 = meb. read_stadata_from_micaps3(
            r"D:\book\test_data\input\rain01. txt",data_name="rain01")
hp = rain_01. copy()              # 将降水量转换成是否发生短期强降水
hp. loc[rain_01["rain01"]<20,"rain01"] = 0    # 降水量小于 20 mm 记为 0
hp. loc[rain_01["rain01"]>=20,"rain01"]  = 1   # 降水量达到 20 mm 记为 1
hp_near = meb. max_in_r_of_sta(hp,r = 40,sta_from=hp)  # 邻域处理
meb. tool. plot_tools. scatter_sta_list([hp,hp_near], ncol = 2,
        map_extend=[105,123,24,32], cmap = "hot",clevs = [0,1,2],
        title =["邻域处理前的短时强降水观测","邻域处理后的短时强降水观测"],
        print_max = 0,print_min = 0,point_size = 5)   # 绘制结果
```

Out[56]:

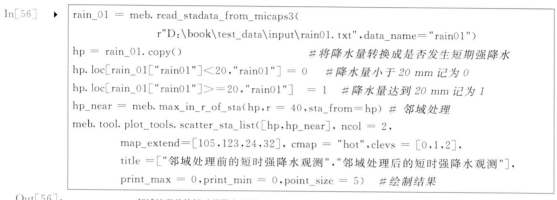

在上面的示例中,输入的原始观测数据是 1 h 降水量,它是非负实数,将其和短时强降水20 mm 阈值的对比获得事件发生与否的原始实况,如 Out[56] 左图所示。图中黑色点取值为0,代表没有发生短时强降水,橙色点取值为 1,代表发生了短时强降水。meb. max_in_r_of_sta 的第一个参数是一个站点表,邻域扫描是以其中每个站点为圆心进行的;第二个参数 r 是邻域扫描的半径,单位是 km;第三个参数是被扫描的站点数据。被扫描的站点数据可以和扫描的站点表相同,也可以不同。例如,可以从国家站[①]出发扫描周围的国家站,也可以扫描周围的其他类型站点,或者反过来通过邻域处理后的实况,如 Out[56] 右图所示,在安徽南部和浙江北部记为短时强降水的站点数被邻域法扩大了,而湖南西南部和浙江东部海岛站因40 km 范围内没有其他站,所有范围未扩大。

在强对流检验时,需要根据位置随机分布的闪电定位数据统计出网格点附近闪电次数,从

---

①　本书中国家站指的是中国气象局下发的县级以上城镇天气预报与实况对比站信息表中的站点。

而获得网格化的闪电密度数据。meb. add_stacount_to_nearest_grid 函数可以满足此类统计格点附近站点数的需求。以下从文件中读入一些闪电的观测数据作为示例。

In[57] ▶
```
path = r"D:\book\test_data\input\micaps41.txt"
sta_lightning = meb.read_stadata_from_micaps41_lightning(path,
        column = meb.m41_element_column.归一化电流强度值)
print(sta_lightning)
```

Out[57]:

	level	time	dtime	id	lon	lat	data0
0	0	2008-06-24 01:01:44	0	1	114.8664	26.57132	−29.16124
1	0	2008-06-24 01:02:24	0	2	106.4083	23.33219	−51.30987
2	0	2008-06-24 01:02:08	0	3	121.0393	28.38015	−28.92107
3	0	2008-06-24 01:04:10	0	4	102.8865	25.18426	−205.69330
4	0	2008-06-24 01:08:21	0	5	110.0666	24.17627	−46.67589
5	0	2008-06-24 01:12:41	0	6	109.5917	24.25497	−31.43308
6	0	2008-06-24 01:31:01	0	7	109.6917	24.35497	−31.43308

在示例数据中，time 列记录的是闪电发生时间，它们大都不是在整点时刻；id 列是顺序设置的，没有具体的意义；lon 和 lat 分别是闪电定位的经度和纬度，data0 是读入的闪电属性，闪电属性有强度、能量、陡度等，如果仅是为了统计闪电密度，读取任意一种闪电属性都可以。以下是统计每个格点邻近的闪电数（站点数）的方法：

In[58] ▶
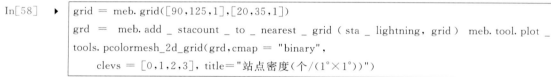
```
grid = meb.grid([90,125,1],[20,35,1])
grd = meb.add_stacount_to_nearest_grid(sta_lightning, grid) meb.tool.plot_
tools.pcolormesh_2d_grid(grd,cmap = "binary",
        clevs = [0,1,2,3], title="站点密度(个/(1°×1°))")
```

Out[58]:

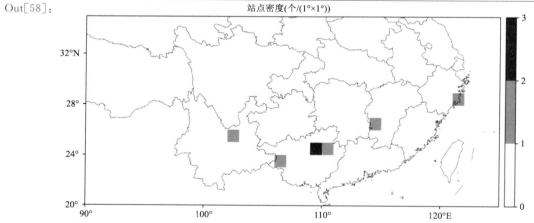

从上面的示例可看到，统计格点邻近站点数的函数调用时，第一个参数是站点数据，第二个参数是网格的信息类变量。计算时，每个格点的邻近范围是以格点为中心的正方形，例如，当分辨率为 1°时，(110°E，24°N)所在格点的邻近范围是(109.5°—110.5°E，23.5°—24.5°N)。

5.8 合并

最常用的数据合并功能是拼接和匹配合并。在第 4.1 节中,已经介绍了函数 meb. concat 在站点数据拼接上的应用。实际上,该函数也可以将多个不同起报时间预报时效的网格数据拼接到一个网格数据中,具体用法和对站点数据的拼接完全一样,因此不再赘述。

匹配合并函数 meb. combine_on_obTime_id 是 MetEva 的核心功能函数,在第 4.1 节的数据收集示例中已简单介绍了它的基本功能,此处有必要对其参数做更详细的介绍。为了说明该函数在不同情形下的用法,以下增加一个预报示例数据:

In[59] ▶
```
sta_fo_cma = meb. sta_data(pd. DataFrame({"level":np. zeros(8),
    "time":datetime. datetime(2020,7,1,8),"dtime":np. arange(39,61,3),"id":np.
    ones(8),"lon":np. ones(8),"lat":np. ones(8),
    "cma":np. arange(4. 5,12)}))
print(sta_fo_cma)
```

Out[59]:

	level	time	dtime	id	lon	lat	cma
0	0.0	2020-07-01 08:00:00	39	1	1.0	1.0	4.5
1	0.0	2020-07-01 08:00:00	42	1	1.0	1.0	5.5
2	0.0	2020-07-01 08:00:00	45	1	1.0	1.0	6.5
3	0.0	2020-07-01 08:00:00	48	1	1.0	1.0	7.5
4	0.0	2020-07-01 08:00:00	51	1	1.0	1.0	8.5
5	0.0	2020-07-01 08:00:00	54	1	1.0	1.0	9.5
6	0.0	2020-07-01 08:00:00	57	1	1.0	1.0	10.5
7	0.0	2020-07-01 08:00:00	60	1	1.0	1.0	11.5

通常的检验都要求预报有对应的实况,因此,最常用的匹配合并函数调用方式如下:

In[60] ▶
```
sta_all = meb. combine_on_obTime_id(sta_ob,[sta_fo,sta_fo_cma],
                        need_match_ob=True)
print(sta_all)
```

Out[60]:

	level	time	dtime	id	lon	lat	ob	ec	cma
1	0.0	2020-07-01 08:00:00	42	1	0.0	0.0	13	6	5.5
0	0.0	2020-07-01 08:00:00	48	1	0.0	0.0	15	7	7.5

函数 combine_on_obTime_id 的第一个参数是站点观测数据,第二个参数是包含一个或多个预报数据的列表,第三个参数 need_match_ob=True 是预报必须匹配到观测,否则样本会被剔除。根据观测和预报数据的内容,不难发现这种设置下最终只能有两行数据实现匹配,正如上面的输出所示。

但有一类场景需要保留匹配不到观测的预报,那就是在实况还未出现时对未来的预报稳定性进行检验,此类检验功能在日常预报业务中经常使用。要保留匹配不到观测的预报,就需要删除参数 need_match_ob＝True 的设置,应用效果如下:

In[61] ▶
```
sta_all = meb. combine_on_obTime_id(sta_ob,[sta_fo,sta_fo_cma])
print(sta_all)
```

Out[61]:

	level	time	dtime	id	lon	lat	ob	ec	cma
0	0.0	2020-07-01 08:00:00	42	1	0.0	0.0	13.0	6	5.5
1	0.0	2020-07-01 08:00:00	48	1	0.0	0.0	15.0	7	7.5
2	0.0	2020-07-01 08:00:00	54	1	1.0	1.0	999999.0	8	9.5
3	0.0	2020-07-01 08:00:00	60	1	1.0	1.0	999999.0	9	11.5

从上面示例可看出,当预报找不到匹配的观测时,观测列会以默认的缺省值填充。相关的稳定性检验功能能够自动识别观测列中的缺省值,此处不展开叙述。

在上述参数设置下,不同预报之间是必须完全匹配的,但实际业务常常是不同模式的预报时效间距和范围不同,起报的频率也不同。例如,ECMWF 通常包含 08 时和 20 时起报的 0～240 h 内逐 6 h 预报,CMA-MESO 模式则是一天 8 次起报的 0～36 h 内逐 1 h 预报。不同模式都能实现匹配的时间和时效可能非常少,并且参与对比的模式越多,时间和时效的交集越小。此时,如果希望更方便地开展多种预报检验,在匹配合并时就需要设置参数 how_fo＝"outer",以取所有预报时间和时效的并集。应用效果如下:

In[62] ▶
```
sta_all_outer = meb. combine_on_obTime_id(sta_ob,[sta_fo,sta_fo_cma],
                              need_match_ob＝True,how_fo = "outer")
print(sta_all_outer)
```

Out[62]:

	level	time	dtime	id	lon	lat	ob	ec	cma
1	0.0	2020-07-01 08:00:00	6	1	0.0	0.0	1	0.0	999999.0
4	0.0	2020-07-01 08:00:00	12	1	0.0	0.0	3	1.0	999999.0
7	0.0	2020-07-01 08:00:00	18	1	0.0	0.0	5	2.0	999999.0
8	0.0	2020-07-01 08:00:00	24	1	0.0	0.0	7	3.0	999999.0
9	0.0	2020-07-01 08:00:00	30	1	0.0	0.0	9	4.0	999999.0
0	0.0	2020-07-01 08:00:00	36	1	0.0	0.0	11	5.0	999999.0
2	0.0	2020-07-01 08:00:00	39	1	0.0	0.0	12	999999.0	4.5
3	0.0	2020-07-01 08:00:00	42	1	0.0	0.0	13	6.0	5.5
5	0.0	2020-07-01 08:00:00	45	1	0.0	0.0	14	999999.0	6.5
6	0.0	2020-07-01 08:00:00	48	1	0.0	0.0	15	7.0	7.5

从上面的示例结果可以看出,在一个时空坐标上,若一个模式存在值,另一个不存在值,后者就会以缺省值填充。以下是基于预报交集和预报并集进行检验的效果:

In[63] ▶
```
result = mpd. score(sta_all,mem. me,g="dtime",plot="line",marker = ". ")
```

Out[63]:

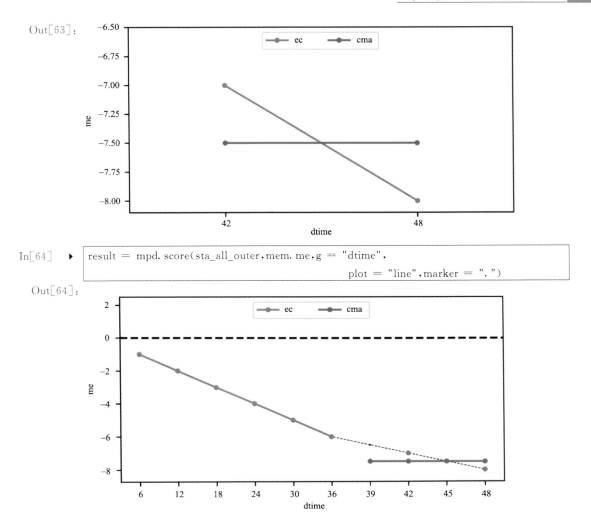

In[64]　▶ result = mpd. score(sta_all_outer,mem. me,g = "dtime",
　　　　　　　　　　　　　　　　　　plot = "line",marker = ". ")

Out[64]:

第 4 章介绍了分类检验的方法,即通过设置参数 g 将数据样本按照某个时空维度的坐标进行分类。业务和科研中还有许多分类检验的需求不能简单地按照单一维度时空坐标值分类,例如,按照下垫面类型分类、按照天气过程分类和按照预报员值班表分类等。实际上,无论分类方式多么复杂,分类的过程总是以某一种类别标签为依据的,如果能够为每个检验数据样本设置类型标签,那根据 MetEva 进行分类检验就是轻而易举的事。在复杂的分类场景中,类别标签值是随一个或多个时空坐标变化的,这种变化关系可以用 DataFrame 表格形式记录。此时,可以通过函数 meb. combine_expand 将标签数据合并到观测预报数据后面。

为了说明该函数功能,以下生成一个简单的示例数据,它包括 2 个时刻的 3 个站点数据,用于代表不同时间不同区域的数据。

In[65]　▶ sta_all = meb. sta_data(pd. DataFrame({"level":np. zeros(6),
　　　　　　"time":[datetime. datetime(2020,7,1,8),datetime. datetime(2020,7,1,8),
　　　　　　　　datetime. datetime(2020,7,1,8),datetime. datetime(2020,7,2,8),

```
                    datetime. datetime(2020,7,2,8),datetime. datetime(2020,7,2,8)],
        "dtime":np. zeros(6),"id":[1,2,3,1,2,3],"lon":np. ones(6),"lat":np. ones(6),
                    "obs":[1,1,1,1,1,1],"fst":[1,2,3,4,5,6]}))
print(sta_all)
```

Out[65]:

	level	time	dtime	id	lon	lat	obs	fst
0	0.0	2020-07-01 08:00:00	0.0	1	1.0	1.0	1	1
1	0.0	2020-07-01 08:00:00	0.0	2	1.0	1.0	1	2
2	0.0	2020-07-01 08:00:00	0.0	3	1.0	1.0	1	3
3	0.0	2020-07-02 08:00:00	0.0	1	1.0	1.0	1	4
4	0.0	2020-07-02 08:00:00	0.0	2	1.0	1.0	1	5
5	0.0	2020-07-02 08:00:00	0.0	3	1.0	1.0	1	6

假设要按行政区域、下垫面类型或者其他与水平位置有关的方式进行分类,可以先制作一个 DataFrame 变量,它包含站号和类型标签列(允许多个站号对应相同的标签值)。如下面的形式：

In[66] ▶
```
typeName＝pd. DataFrame({"id":[1,2,3],"typeName":["type1","type2","type1"]})
print(typeName)
```

Out[66]:

	id	typeName
0	1	type1
1	2	type2
2	3	type1

此时就可以将观测预报数据集和标签数据进行扩展合并,合并后每一行的标签会根据站号对应进行设置,结果如下所示：

In[67] ▶
```
sta_combine = meb. combine_expand(sta_all,typeName)
print(sta_combine)
```

Out[67]:

	level	time	dtime	id	lon	lat	obs	fst	typeName
0	0.0	2020-07-01 08:00:00	0.0	1	1.0	1.0	1	1	type1
1	0.0	2020-07-01 08:00:00	0.0	2	1.0	1.0	1	2	type2
2	0.0	2020-07-01 08:00:00	0.0	3	1.0	1.0	1	3	type1
3	0.0	2020-07-02 08:00:00	0.0	1	1.0	1.0	1	4	type1
4	0.0	2020-07-02 08:00:00	0.0	2	1.0	1.0	1	5	type2
5	0.0	2020-07-02 08:00:00	0.0	3	1.0	1.0	1	6	type1

该功能之所以叫扩展合并,是因为在类型标签变量 typeName 中除了 id 维度,并没有其他维度的坐标,但合并后标签列被扩展成了包含其他维度(level、time 和 dtime)的数据。

如果分类标签是和时间有关的,例如,按照值班表中的预报员名单分类,此时可以先制作一个包含时间和类型标签列的 DataFrame 变量,然后使用扩展合并功能。

如果分类标签不但和时间有关,还和空间有关,例如,一个降水过程中,降水的范围是随时间移动的,若需要将降水按照降水过程的类型进行分类,需要制作一个包含时间、站号和类型标签列的 DataFrame。例如下面的形式:

```
In[68]    typeName＝pd. DataFrame({
                "time":[datetime. datetime(2020,7,1,8),datetime. datetime(2020,7,1,8),
                    datetime. datetime(2020,7,1,8),datetime. datetime(2020,7,2,8),
                    datetime. datetime(2020,7,2,8),datetime. datetime(2020,7,2,8)],
                "id":[1,2,3,1,2,3],
                "typeName":["type1","type2","type1","type2","type3","type2"]})
          print(typeName)
```

Out[68]:

	time	id	typeName
0	2020-07-01 08:00:00	1	type1
1	2020-07-01 08:00:00	2	type2
2	2020-07-01 08:00:00	3	type1
3	2020-07-02 08:00:00	1	type2
4	2020-07-02 08:00:00	2	type3
5	2020-07-02 08:00:00	3	type2

在上面的示例中,如果 typeName 代表的是过程的名称,type1 过程在 1 日 08 时影响到站号 1 和站号 3,之后结束了;type2 过程在 1 日 08 时影响到站号 2,1 d 后移动到了站号 1 和站号 3;type3 过程从 2 日 08 时开始影响到站号 2。将预报观测数据和上面的标签变量合并的效果如下:

```
In[69]    sta_combine = meb. combine_expand(sta_all,typeName)
          print(sta_combine)
```

Out[69]:

	level	time	dtime	id	lon	lat	obs	fst	typeName
0	0.0	2020-07-01 08:00:00	0.0	1	1.0	1.0	1	1	type1
1	0.0	2020-07-01 08:00:00	0.0	2	1.0	1.0	1	2	type2
2	0.0	2020-07-01 08:00:00	0.0	3	1.0	1.0	1	3	type1
3	0.0	2020-07-02 08:00:00	0.0	1	1.0	1.0	1	4	type2
4	0.0	2020-07-02 08:00:00	0.0	2	1.0	1.0	1	5	type3
5	0.0	2020-07-02 08:00:00	0.0	3	1.0	1.0	1	6	type2

基于扩展合并后的数据,如果要指定标签开展分类检验,按照如下方式调用 mpd. score 函数即可:

```
In[70]    result = mpd. score(sta_combine,mem. mae,g = "typeName",
                    drop_g_column＝True,plot = "bar",vmin = 0)
```

Out[70]：

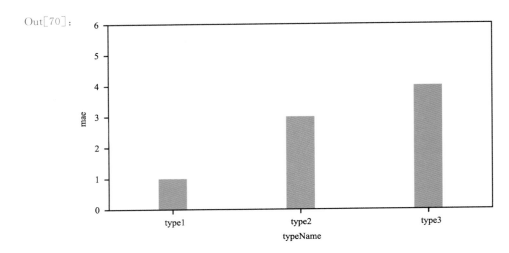

在上面的示例中，分组参数 g 设置成分类标签对应的列名称，因为分组后标签列并不参与检验计算，因此，还需用参数 drop_g_column＝True 设定分类后将标签列的数据删除。

第 6 章　检验评估算法

在第 4.2 节中介绍了使用 MetEva 开展检验分析的方法,但其中示例大都只用了均方根误差(RMSE)这一种检验指标。单一指标显然是不够的,实际工作中需要综合应用多种检验方法,才能对预报性能进行全面的评估。为了便于读者快速地查找和使用适合的检验方法,本章将对 MetEva 中集成的各种检验评估算法进行详细介绍,并着重回答如下三个问题。

MetEva 中集成了哪些检验评估算法?

具体工作中如何选择合适的算法开展检验评估?

在程序中如何调用 MetEva 中的检验算法?

为方便叙述,本书针对与检验评估相关的三种常用术语:方法、指标和算法做如下区分。

检验方法:对比观测和预报评价预报性能的方法,它由统计计算公式、统计结果的图表展示形式和对检验结果的解读方法构成。

检验指标:检验方法的一种,它是可由一个统计公式计算得出一个评估值的检验方法。

检验算法:检验方法的程序实现。

检验算法与检验方法是一一对应的,在笼统讨论时使用检验方法进行表述,涉及程序相关问题时则使用检验算法。

6.1　检验方法的分类

天气预报制作的全流程各环节涉及的检验方法有上百种,必须对它们进行分门别类才方便查询和使用。对大部分气象从业者来说,日常工作中接触到的检验方法常常是按照预报对象进行分类的。例如,检验方法被分类成基本要素预报检验方法、强对流天气预报检验方法、环境气象预报检验方法等,进一步细化又可以划分为降水预报检验方法、温度预报检验方法、风向风速预报检验方法、冰雹预报检验方法、雷暴大风预报检验方法、大雾预报检验方法等。有时,人们甚至还会将检验方法细化成 1 h 降水预报检验方法、3 h 预报检验方法、24 h 预报检验方法等。上述这种按要素的分类方式有其方便之处,但不适合对种类繁多的全流程检验评估方法进行分类。

那么如何分类才是更恰当的呢?全球领先的管理咨询公司麦肯锡提出了一个通用的分类法则,叫 MECE 法则,它是 Mutually Exclusive Collectively Exhaustive 的缩写,中文意思是"相互独立、完全穷尽",也就是"不重不漏"。

对照 MECE 法则很容易知道按要素对检验方法分类是不恰当的,如温度的检验方法中包括平均误差(ME)、均方根误差(RMSE)等,而相对湿度也可以使用同样的方法进行检验,这就违反了"不重"原则;再如对于降水预报,考虑到它通常是非正态分布的,因此,主要用 ts 评分、空报率、漏报率等指标检验，通常不会用 RMSE 检验，但长序列或大范围平均降水量是符合正态分布的，可以用 RMSE 检验，若将 RMSE 检验排除在降水检验之外，则违反了"不漏"原则。事实上，大部分方法都可以应用在所有的要素上，只是使用的方式和参数有所差别罢了，因此，要素非常不适合作为方法分类的依据。

2004 年，Jolliffe 和 Stephenson 出版一本关于天气预报检验评估方法的综述性论著《预报检验——大气科学从业者指南》(Forecast verification：A practitioner's guide in atmospheric science)，之后在 2012 年又出版了第二版。2016 年，李应林将此书翻译成中文出版，书名《预报检验——大气科学从业者指南》。该书中总结了近百种检验评估方法，按照该书的章节，各类检验评估方法分类成二分类预报检验、多分类预报检验、连续量预报检验、概率预报检验、集合预报检验和空间检验等几类。这种分类方式的分类依据是观测（或预报）要素取值范围。例如，二分类预报检验中，要素取值范围是 0 或 1；多分类预报检验中的要素取值范围是有限个离散数；连续量预报检验中要素的取值范围是实数域；概率预报检验中观测的取值范围是 0 或 1，预报的取值范围是实数区间[0,1]；集合预报检验中预报的取值是多个成员取值构成的向量；空间检验中要素的取值不是单点上的值，而是单点附近区域或全部区域内的物理量场。需要指出的是，上述要素取值范围，有些情况下是由要素本身的物理属性决定的，如降水的有和无，分别对应了 0 和 1。有些则是由人们看待要素值的方式决定的，例如，对于降水量，既可以定 50 mm 为阈值，将降水划分为有暴雨和无暴雨，这就是二分类的视角；也可以采用多个阈值将降水划分成小雨、中雨、大雨和暴雨等，这就是多分类的视角；还可以直接将降水量作为连续变化的量进行检验。

Jolliffe 和 Stephenson 给出的分类方式是基本符合"不重不漏"原则的。之所以说基本符合，是因为集合预报严格来说是和确定性预报相对应的，集合预报下面也可以包含二分类预报的集合预报、多分类预报的集合预报、连续量的集合预报，因此，将集合预报和二分类预报等做同级分类可能出现重复。但考虑到分类级数过多，也不便于查询，且集合预报特有的检验方法并不多，因此，并未将其和确定性预报作为更高一级的分类。

MetEva 中集成的检验算法主要参考的是《预报检验——大气科学从业者指南》、世界气象组织推荐检验方法（Brown et al.，2008）和国内的各种业务规范。在开发中依据业务需求的紧迫程度逐步增加检验算法，目前已经集成了上百种。这些算法的分类首先就是参考《预报检验——大气科学从业者指南》中的原则。此外，还有一类要素取值形式未被该书包含，那就是风矢量以及台风的位置，这两类要素是包含两个数值的矢量，因此，在 MetEva 中增加了一个矢量预报检验的分类。

考虑到经过上述方法初步分类后，每类算法数目仍然较多，为此有必要进一步做二级分类。为了便于查询，每个一级分类目录下的二级分类方式最好相同或相似，并且二级分类的方式也应该满足"不重不漏"原则。为此，在 MetEva 中采用检验算法返回结果的类型作为二级分类方式。大部分的检验算法会返回一个或多个评估值，用户可以对评估值做对比分析，也可以绘制成图表；有少部分的检验算法并不返回评估值，只能返回特定形式的图形，用户可以通过浏览这些图形获得丰富的预报偏差信息；此外，还有少部分的检验算法可以返回关于观测和预报的属性统计表，这些表通常是计算评估值或绘制图形的基础，它也可以直接输出到文件中供人们浏览，方便查询预报中可能存在的问题。基于上述原因，除空间检验算法外，MetEva 将各类检验算法进一步划分为数值型检验指标、图片型检验产品和表格型检验产品。

　　表 6.1 列举的 MetEva V1.7 集成的预报检验算法。MetEva 提供的检验算法都集成在
meteva.method 模块中,在该模块下的次级模块中分别包含了不同类型的预报检验算法。除
空间检验算法模块外,各次级模块下的子模块又分别包含不同返回结果类型的检验算法。表
6.1 第一列是检验算法的第一级分类,其中,中文部分是分类的名称,括号中的英文是它们对
应的 MetEva 的次级模块名称。第二列是第二级分类,括号中的英文对应的是子模块名称。
第三列是具体的检验算法名称,括号中的英文是检验算法在 MetEva 中的函数名称。

表 6.1　MetEva V1.7 集成的预报检验算法

预报检验类型 (次模块名称)	检验结果类型 (子模块名称)	检验算法 (函数名称)
二分类预报检验 (yes_or_no)	数值型检验 指标(score)	观测和预报的发生频次(ob_fo_hc)、观测和预报的发生频率(ob_fo_hr)、基准率(s)、预报率(r)、频率偏差(bias)、命中率(召回率,pod)、成功率(精确率,sr)、报空率(pofd)、空报率(far)、漏报率(mr)、正确率(pc)、临界成功指数(威胁指数,ts)、双向 ts 评分(dts)、Gilbert 技巧评分(公平威胁指数,ets)、Heidke 技巧评分(hss_yesor-no)、Peirce 技巧评分(hk_yesorno)、让步比(odds_ratio)、让步比技巧评分(orss)、Fscore 评分(fscore)、晴雨(雪)预报准确率(pc_of_sun_rain)
	图片型检验 产品(plot)	综合检验图(performance)
	表格型检验 产品(table)	列联表(contingency_table_yesorno)
多分类预报 检验 (multi_category)	数值型检验 指标(score)	正确率(accuracy)、Heidke 技巧评分(hss)、Peirce 技巧评分(hk)、seeps 评分(seeps)、分类频率偏差(bias_multi)、分类命中率(pod_multi)、分类漏报率(mr_multi)、分类空报率(far_multi)、分类成功率(sr_multi)、分类报空率(pofd_multi)、分类 ts 评分(ts_multi)、分类 ets 评分(ets_multi)、分级频率偏差(bias_grade)、分级命中率(pod_grade)、分级漏报率(mr_grade)、分级空报率(far_grade)、分级成功率(sr_grade)、分级报空率(pofd_grade)、分级 ts 评分(ts_grade)
	图片型检验 产品(plot)	频率统计图(frequency_histogram)、分级综合检验图(performance_grade)、分类综合检验图(performance_multi)
	表格型检验 产品(table)	列联表(contingency_table_multicategory)、频率表(frequency_table)
连续量预报 检验 (continuous)	数值型检验 指标(score)	观测和预报的最大值(ob_fo_max)、观测和预报的最小值(ob_fo_min)、观测和预报的平均值(ob_fo_mean)、观测和预报的累计值(ob_fo_sum)、观测和预报的分位值(ob_fo_quantile)、观测和预报的标准差(ob_fo_std)、平均误差(me)、平均绝对误差(mae)、均方差(mse)、均方根误差(rmse)、均方根倍差(rmsf)、相关系数(corr)、秩相关(corr_rank)、均值偏差(bias_m)、纳什系数(nse)、残差(residual_error)、残差率(residual_error_rate)、准确率(correct_rate)、错误率(wrong_rate)、定量相对误差(mre)、观测和预报的降水强度(ob_fo_precipitation_strength)
	图片型检验 产品(plot)	泰勒图(taylor_diagram)、散点回归图(scatter_regress)、频率关系图(pdf_plot)、频率对比箱须图(box_plot_continue)、降水量随强度的变化图(accumulation_change_with_strength)、降水频次随强度的变化图(frequency_change_with_strength)
	表格型检验 产品(table)	累计降水量随强度变化表(accumulation_strength_table)、降水频次随强度变化表(frequency_strength_table)

续表

预报检验类型 （次模块名称）	检验结果类型 （子模块名称）	检验算法 （函数名称）
矢量预报检验 （vector）	数值型检验 指标（score）	风向准确率（acd，acd_uv）、风向预报评分（scd，scd_uv）、风速预报准确率（acs，acs_uv）、风速预报评分（scs，scs_uv）、风速预报偏强率（wind_severer_rate，wind_severer_rate_uv）、风速预报偏弱率（wind_weaker_rate，wind_weaker_rate_uv）、风向预报平均误差（me_angle，me_angle_uv）、风向预报平均绝对误差（mae_angle，mae_angle_uv）、风向预报均方根误差（rmse_angle，rmse_angle_uv）、风向风速综合准确率（acz_uv）、位置误差（distance）
	图片型检验 产品（plot）	风矢量散点分布图（scatter_uv）、风矢量误差散点分布图（scatter_uv_error）、风矢量分布统计对比图（statistic_uv）
概率预报检验 （probability）	数值型检验 指标（score）	Brier 评分（bs）、Brier 技巧评分（bss）、ROC 面积（roc_auc）
	图片型检验 产品（plot）	相对作用特征（roc）、可靠性图（reliability）、区分能力图（discrimination）
	表格型检验 产品（table）	区分能力表（hnh）
集合预报检验 （ensemble）	数值型检验 指标（score）	重叠率（cr）、连续分级概率评分（crps）、平均集合内方差和集合平均的均方误差（variance_mse）
	图片型检验 产品（plot）	等级柱状图（rank_histogram）、频率对比箱须图（box_plot_ensemble）
空间检验（space）		MODE 方法（mode）、结构强度尺度（sal）、变化图（vgm）、刚体变换（rigider）、FSS 方法（fss）、显著性检验（field_sig）

6.2　检验方法的功能分析

通过上一节内容，初步了解了 MetEva 中集成了哪些检验算法，但在具体应用时该选择哪些算法进行检验呢？为明确该问题，首先需明确开展检验评估的目标。经梳理，检验评估的目标主要分为三类：

①分析预报偏差的时空分布特征或演变规律，为数值模式和客观预报方法研发者以及预报员改进预报提供线索；

②对预报产品在不同方面的性能进行评价，使预报产品的使用者可以做到心中有数；

③对预报质量进行综合评价，并以此对预报质量进行横向（同其他预报）和纵向（同历史预报）对比。

以下对照上述三类目标，对各类检验评估方法的功能进行简要分析，读者可以将此作为选用检验方法的参考。

水量达到暴雨及以上等级时认为事件发生，据此构建二分类预报的列联表，再根据列联表计算评分。

　　方式 2——分级检验：中国气象局 2005 版的《中短期天气预报质量检验办法（试行）》中的一种降水检验方法。该方法根据观测降水量和预报降水量的数值大小，将样本划分到数值较大者对应的等级上。例如，当一对样本的预报为大雨，观测为暴雨，则将该样本划分到暴雨级别，记为暴雨漏报，不记录大雨空报；如果预报为大雨，观测为中雨，则样本划分到大雨级别，记为大雨空报，不记录中雨漏报。再根据各等级的命中、空报和漏报数计算相应等级的评分。

　　方式 3——分类检验：检验针对某个等级的预报性能。例如，检验暴雨等级则只有当观测（或预报）降水量恰好为暴雨等级时才认为事件发生，更高或低级别的降水都视为事件未发生，据此构建二分类预报的列联表，再根据列联表计算评分。

　　上述方式 1 实际上就是上一节提到的二分类预报的检验，不再展开分析。分级检验和分类检验两者容易混淆，实际上两者有明显的区别。第一，应用范围不同，前者只能应用于有大小等级关系的多分类预报，在天气现象等没有级别的预报检验中不适用，后者则可以应用于所有的多分类预报。第二，参与评分的样本数不同，分级检验时样本被分配到不同等级，每个等级的评分只用到一部分样本，而分类检验时每个等级的评分都用到了所有的样本。第三，评分值不同，同一等级的分级预报和分类预报的命中数是一样的，但前者对应的空报和漏报数更少，因此，对应的空报率和漏报率更低，ts 评分更高。此外，分级预报检验时，对于某个等级而言，观测值和预报值必定有一个达到了该等级，因此并不存在报无未出数（c），无法计算 ets 等公式中包含 c 的评分。

　　在 MetEva 中，分级检验相关算法的函数名都以_grade 结尾，分类检验相关算法的函数名都以_multi 结尾。目前，业务中分级检验主要是应用于 24 h 降水量的检验，通常按上述方式划分为 7 个等级，有时也会将降水划分为 3 个等级（无降水、一般性降水和暴雨及以上降水）加以检验，此类应用都是调用分级检验算法。分类检验算法目前应用较少，从事天气现象、降水类型和首要污染物类型等预报的研发者或预报员可以更多参考分类检验评分。

6.2.3　连续量预报检验

　　数值模式和精细化网格预报都能对温度、相对湿度、气压、降水量、云量、能见度等要素进行连续定量的预报，这类定量预报显然比等级预报更具应用价值。

　　对于连续量预报首先应采用平均误差（me）进行检验，分析其中系统性偏差的部分。如果要素的取值范围始终非负（例如，降水量和风速等），也可以使用均值偏差（bias_m）进行检验，它是预报均值与观测均值之比。对不同时间不同地域的观测和预报的累计值（ob_fo_sum）、平均值（ob_fo_mean）、标准差（ob_fo_std）、最大值（ob_fo_max）、最小值（ob_fo_min）和分位值（ob_fo_ quantile）进行统计和对比，也可以很直观地了解预报偏差的时空分布特征。频率特征是连续量的重要特征，通过频率关系图（pdf_plot）和频率对比箱须图（box_plot_continue）可以对比观测和预报的频谱差异。另外，将要素取值范围划分成多个区间，也可以应用多分类检验算法中的频率统计图（frequency_histogram）来对比频谱差异。进一步地，可以使用散点回归图（scatter_regress）对预报和观测作更加细致且直观的对比，该算法不仅可以对预报中系统性的线性偏差做诊断，还可以显示偏差较大的异常样本，对预报的改进和应用都有直接的帮助。

　　若需对预报准确性进行综合性的评价，通常可以采用平均绝对误差（mae）、均方误差

（mse）、均方根误差（rmse）和相关系数（corr）等指标。对于降水量和风速等频谱分布明显偏离正态的物理量，少数样本的误差能较大程度地影响总检验指标，使其上述检验指标不能很好体现预报的总体性能。秩相关（corr_rank）是先分别计算观测和预报数据的数据秩（元素在数组中的排序号），再计算观测数据秩和预报数据秩的相关系数，它对大的异常值不敏感，因此也适用于不连续要素（如降水）的检验。均方根倍差（rmsf）是对预报和观测的降水比值接近1的程度进行评价，也能够避免少数大降水样本的影响（Brown et al.，2008）。定量相对误差（mre）是《全国智能网格预报竞赛检验评估办法》中的一种检验方法，它是对观测和预报不同时为0的数据计算|（预报－观测）/（预报＋观测）|后再做平均，它适用于要素取值非负的情形。对一组样本来说，当预报观测完全相等时相对误差为0％，当一者为0另一者为正时，相对误差为100％，该指标能给出预报偏差幅度的定量评价，且同样不受大降水样本的影响。纳什系数（nse）是水文领域常用的检验指标，它也适合对非正态分布的数据进行定量检验，在气象领域同样值得参考。

对于温度等接近正态分布的要素来说，使用均方根误差等指标是足以体现预报性能的，但这些指标对公众来说仍不好理解。另外，虽然要素预报是越精确越好，但有些情况下小幅的预报偏差对公众的影响很小，因此业务中规定温度误差小于2℃记为准确，准确的样本数与总样本数之比记为准确率，准确率的取值范围是0％～100％，非常便于公众理解。业务中，准确率指标主要是应用在温度预报检验中，但实际上在云量、相对湿度等预报检验中也具有参考价值，只是相应的误差阈值尚无具体标准，需根据预报服务的实际需求具体设定。错误率是MetEva中新增的一种检验指标，错误率＝1－准确率。错误率和准确率虽然本质是相同的，但前者在侦测异常预报时更加方便。例如，对于温度预报，设置较大的误差阈值（比如10℃），分类统计和绘制不同时间或不同位置的错误率，则大部分时间和位置上错误率会接近0，若存在错误率明显的大于0的部分则很容易在图形中凸显出来。错误率（特别是分类统计的错误率）是客观预报研发者需要经常关注的检验指标。

对于预报员来说，在使用数值模式和客观预报时，不能仅挑选均方根误差最小者加以参考，因为某些预报剔除系统性偏差后剩余的随机误差可能更小，更值得参考。MetEva中集成的残差（residual_error）指标可以用于对比剔除系统性偏差之后的误差大小，在预报中值得参考。

6.2.4 矢量预报检验

目前业务中预报对象为矢量的主要有两类。一是台风的路径，台风的路径由各时刻的台风中心位置构成，台风中心位置是经纬度坐标构成的矢量。二是风，它是由U分量和V分量构成的矢量，如果用极坐标的方式描述，则风是由风向和风速构成的矢量。

目前MetEva中关于位置预报的检验算法只有位置误差（distance）。它可以根据一对预报及对应观测的经纬度计算两者之间的球面距离，也可以根据多对预报观测坐标统计距离的平均值。该算法不仅可用于台风中心的位置误差检验，实际上对一般的涡旋中心、高低压中心位置的检验同样适用。

对风向风速预报进行总体评价可使用风预报综合准确率（acz，acz_uv），它是预报风速等级和风向方位都和实况一致的样本数与总样本数之比。MetEva的风预报检验模块中，函数名称带有_uv的和对应不带_uv的都是计算相同的指标，不同的是前者输入的是U、V的数据，后者输入的是风向风速的数据。风预报综合准确率的含义简单明确，适合在预报服务中应用,但它无法揭示准确率高或不高的原因,对预报员或预报产品研发者来说参考性不足。为此,还有必要使用其他更细致的检验方法。

首先,可以对风的不同分量做检验。第一种方式是对 U 分量和 V 分量分别检验。U 分量和 V 分量是连续变化量,可使用平均误差和均方根误差等指标进行检验,其中,平均误差有助于快速了解两个分量各自的系统性偏差。第二种方式是对风向风速分别检验,相比于第一种方式,对风向和风速的检验结果更加直观。考虑到风速不服从正态分布的特征,业务中并不采用平均误差和均方根误差等指标,而是采用风速预报准确率(scs,scs_uv)、偏强率(wind_severer_rate,wind_severer_rate_uv)和偏弱率(wind_weaker_rate,wind_weaker_rate_uv)等指标,这些检验指标是将风速转换为蒲福风力等级,再对比预报和观测的风力等级。当前,业务上对风向的检验主要是采用风向预报准确率(acd,acd_uv)。风向准确率是将连续变化的风向转换成 8 个方位角,统计观测和预报方位角正好相同的比例。风向准确率虽然直观,但不够精细,数值模式和客观方法研发者可能需要更加定量的角度误差信息。此时可以使用风向预报误差(me_angle,me_angle_uv)、风向预报绝对误差(mae_angle,mae_angle_uv)和风向预报均方根误差(rmse_angle,rmse_angle_uv)。考虑到风向角度偏差不可能超过 180°,在统计这些指标时若预报和观测的风向角度数值相差大于 180°,则用 360°减去差值,若差值小于−180°,则用 360°加上差值,之后再统计差值的平均、绝对值平均或均方差。

有了对风的分量的各自检验结果,预报员可能仍不足以形成对这类矢量预报偏差的直观印象,为此有必要将两个分量合在一起检验。此时可以借助 MetEva 提供的风矢量散点分布图(scatter_uv)、风矢量误差散点分布图(scatter_uv_error)和风矢量分布统计对比图(statisitic_uv)进行检验分析。图 6.1 显示的是风矢量分布统计检验对比图,它可以同时检验各方向风的频次、风速均值和方差。在风矢量分布统计对比图中,某个角度的条带宽度代表频率值。计算时取某一个中心角度±22.5°范围内的样本数/总样本数代表风向在某个角度附近的频率;以条带中间点至原点的距离代表该角度上的平均速度,计算时取该点对应方向±22.5°范围内所有样本风速的平均值;以条带的颜色代表该角度上的风速一致性,计算时取±22.5°范围内所有样本风速的平均值(m)和标准差(d),采用 m/(m+d)来代表风速的一致性,当 d=0 时,即所选样本的

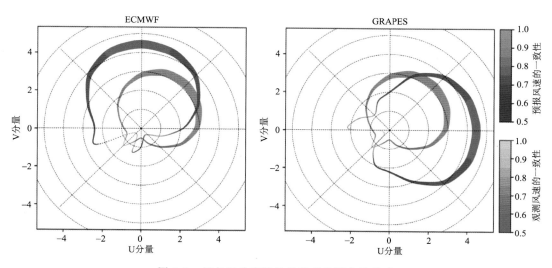

图 6.1　风矢量分布统计检验对比图产品样式

风速都相等时,一致性等于 1。

6.2.5 概率预报检验

  关于极端或灾害性天气发生与否的概率预报比确定性预报能够提供更高的决策参考价值。对于二元问题的概率预报,若需要对其实际准确性做严格恰当的评价,可采用 Brier 评分(bs)或 Brier 技巧评分(bss)。如果需要对概率预报偏差特性有更详细地了解,可以选择使用可靠性图(reliability),其中绘制了预报概率处于不同取值区间对应的观测频率的变化曲线,用户据此可判断预报在某个区间是否高估或低估了事件发生的概率。在可靠性图中,合理的预报对应的曲线应靠近对角线的位置,但并非曲线靠近对角线的概率预报都足够有价值。举个极端的例子,当采用不变的气候概率值作为预报结果,对应曲线也会在对角线附近,然而此种预报价值是很低的。若需要了解概率预报的潜在价值,可使用 ROC 图(roc)进行评估。在 ROC 图中,概率预报被看作是一种决策变量,通过计算不同决策阈值下的命中率(pod)和空报率(pofd),绘制出 pod 随 pofd 的变化曲线。ROC 图中的曲线越往左和往上凸,代表基于该概率预报可以以较少的空报作为代价获得更多的命中。此外,对概率预报结果做单调的变换,并不会改变 ROC 曲线,这使得它能排除预报偏差的影响,对概率预报的潜在价值做出评估(Jolliffe et al.,2016)。利用算法 comprehensive_probability 可将概率预报的可靠性曲线、ROC 曲线以及预报概率的样本数分布绘制在同一图形中,应用更加方便,效果如图 6.2 所示。

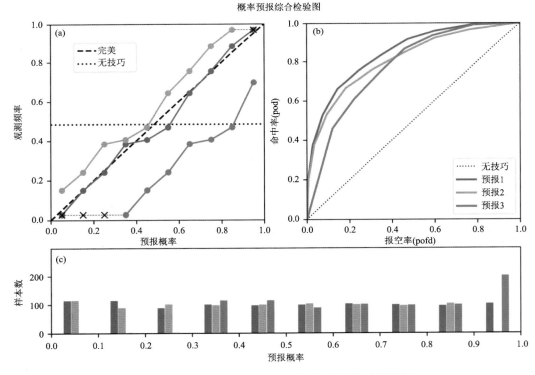

图 6.2 基于 MetEva 制作的概率预报综合检验图样例

a 为可靠性图,b 为相对作用特征(ROC)图,c 为样本数随预报概率的变化图

6.3　检验算法调用方法

通过以上两节内容,整体了解了 MetEva 中集成的各类检验算法,也初步了解了它们的功能和应用场景。当根据检验需求选定检验方法后,接下来就需要通过代码调用检验算法。正如第 6.1 节所述,MetEva 中集成的检验算法有近百种,对大多数用户来说记不住也没有必要记住每个算法的用法,更可取的做法是使用时参考在线文档进行操作。为此,以下结合在线文档对 MetEva 检验算法的使用进行说明。

MetEva 的检验算法的使用可以简单概括为 3 个步骤。①找到检验算法文档;②了解输入参数;③确定调用方式。以下结合在线文档,对上述 3 个步骤进行更详细的介绍。

找到检验算法文档。在 MetEva 的在线文档中,有个一级目录"检验算法层-method",目录内按表 6.1 给出的分类方式依次包含了"有无预报检验""多分类预报检验""连续型预报检验""矢量预报检验""概率预报检验""集合预报检验"和"空间检验"共 7 个子目录,前 6 个子目录下面又分为"数值型检验指标""图形检验产品"和"表格型检验产品"等页面。每个页面包含了相应类别检验算法的参数说明和调用示例。在查找一个算法的说明文档时先需要确定它的类别。例如,当需要使用 ts 评分对 35 ℃以上高温预报进行检验时,用户应该知道此时将预报对象看成是有无预报(1 代表达到 35 ℃,0 代表未达到),因此,需要在"有无预报检验"目录中查询;进一步地,用户应该知道 ts 评分返回的结果是一个数值,应该在"数值型检验指标"页面上查找相应的函数说明(图 6.3)。再如,在使用 ROC 图算法时,用户应该知道该算法是用于概率预报检验的,并且它的检验结果是一个图形,应该在"概率预报检验"目录下的"图片型检验产品"页面中查询算法说明。需要补充的一点是,MetEva 将检验算法区分成"数值型检验指标"和"图片型检验产品",并不是说数值型检验指标不能绘制成图片。事实上,利用 MetEva 的检验分析功能也可以将检验结果绘制成折线图或柱状图。"数值型检验指标"和"图片型检验产品"的区别是返回结果的最小粒度,前者是数值,后者是图片。

了解输入参数。检验算法的输入包括两部分:数据参数和检验参数。二分类预报检验、多分类预报检验、连续量预报检验、概率预报检验和集合预报检验模块中的函数都是以 2 个参数传入数据的,第一个参数 ob 是包含观测数据的 numpy 数组,第二个参数 fo 是包含预报数据的 numpy 数组。当只有一个预报(或集合成员)时,fo 的维度和 ob 的维度相同,当有多个预报(或多个集合成员)时,fo 比 ob 多一维。检验参数都是接在数据参数之后,例如,ts 评分算法函数:ts(ob,fo,grade_list = [1e−30],compare="≥")的前两个参数就是数据参数,后面两个参数则是检验参数。检验参数通常是带有缺省值的可选参数,在调用时可以设置,也可以不设置,未设置时就会以缺省值作为检验参数。有一些检验算法是不需要检验参数的,例如,计算均方根误差的函数 rmse(ob,fo)就只包含数据参数。

矢量预报检验算法通常以 4 个参数来传入观测和预报不同分量的数据,例如,风向风速综合准确率函数 acz_uv(u_ob,u_fo,v_ob,v_fo)的参数包括观测和预报 U 分量、观测和预报的 V 分量。空间检验算法的数据输入通常包含时空坐标信息的站点数据或网格数据,例如,MODE 算法检验函数 operate(grd_ob, grd_fo, smooth, threshold, minsize, compare="≥", match_method = mem. mode. centmatch,return_all_info =False, save_dir = None)的前两

ts评分

ts(ob, fo, grade_list=[1e-30], compare = ">=")

基于原始数据计算ts: Hit/(Hit + Misses + False alarms)，反映预测的正样本与观测室的正常本对应的程度如何

参数	说明
ob　　　数据参数	实况数据，任意维numpy数组
fo	fo比Ob.shape多一维或者保持一致，fo.shape低维与ob.shape保持一致
grade_list　　　检验参数	该参数用于对连续变量做多种等级阈值的二分类检验，其中包含多个事件是否记录为发生的判断阈值，记其中一个阈值为g，判断为事件发生的条件是要素值>=g。该参数缺省时列表中只包含一个取值为10^{-30}的阈值，由于气象要素精度通常比该缺省值大，因此，它相当于将>0作为事件发生的判据
compare	比较方法，可选项包括">=" ">" "<=" "<"，是要素原始值和阈值对比的方法，默认方法为">="，即原始值大于或等于阈值记为1，否则记为0，当compare为"<="时，原始值小于或等于阈值的站点记为1，这在基于能见度标记大雾事件、低温事件或降温事件等场景中可以用到
return	如果fo和ob的shape一致(即只有一种预报)，当仅有一个等级，则返回结果为实数，当有多个等级，则返回1维数组，shape=(等级数)；如果fo比ob高出一维，则返回2维数组，shape=(预报成员数，等级数)。每个元素值为0～1的实数，完善预报对应值为1

图 6.3　ts 评分函数参数说明文档

个参数是网格形式的观测和预报数据。

确定调用方式。MetEva 的常规检验算法有两种调用方式。第一种是直接调用，即当输入数据是不包含坐标信息的 numpy 数组时，通过直接调用函数获得返回结果。第二种是第 4 章介绍的间接调用方式，即当输入数据是包含坐标的观测预报数据集时，通过检验分析功能函数进行调用，而检验算法函数只是作为调用时的一个参数。在线文档中，"检验算法层－method"目录下算法都是以直接调用方式进行举例说明的，这对用户清晰了解函数的输入输出更有帮助，但间接调用方式才是实践中更加方便且常用的。本节将两种调用方式放在一起加以对比和说明。

首先，导入 MetEva 的各模块和 pandas，读入之前准备数据集，它是带有时空坐标的站点数据。

```
In[1]    import meteva. base as meb
         import meteva. method as mem
         import meteva. product as mpd
         import pandas as pd
```

```
In[2]    sta_all = pd. read_hdf(r"D:\book\test_data\sta_all_tmp2m. h5")
         sta_all
```

	level	time	dtime	id	lon	lat	OBS	ECMWF	CMA_GFS
0	0	2021-01-01 08:00:00	0	54398	116.62	40.13	−11.3	−9.19664	−6.44336
1	0	2021-01-01 08:00:00	0	54399	116.28	39.98	−8.0	−9.52672	−6.16912
...	...		...	...	...	...	...	...	...
99919	0	2021-12-31 20:00:00	9	54597	115.73	39.73	−8.7	−5.68896	−7.46192

242280 rows × 9 columns

接下来,从站点数据中提取不带坐标的观测数据(ob)和预报数据(fo),它们是 numpy 数组,其中,fo 比 ob 多出一维。

In[3] ▶
```
ob = sta_all["OBS"]. values
fo = sta_all[["ECMWF","CMA_GFS"]]. values. T
print(ob. shape)
print(fo. shape)
```

Out[3]:　(242280,)

(2,242280)

下面的例子是关于均方根误差算法的直接调用示例:

In[4] ▶
```
rmse = mem. rmse(ob,fo)
print(rmse)
```

Out[4]:　[3.0448732 3.50938477]

间接调用的方式就是使用第 3 章介绍过的 mpd. score 函数,并将函数名 mem. rmse 作为参数:

In[5] ▶
```
rmse =mpd. score(sta_all,mem. rmse)
print(rmse)
```

Out[5]:　(array([3.0448732 , 3.50938477]), None)

从上面的示例可以看出,两种调用方式返回的评分值是一样的,不同的是间接调用的评分结果被包装在一个元组数据结构当中。元组中还有一个分组方式,由于检验时未分组,所以返回的分组方式为 None。

下面的例子是关于 ts 评分算法的直接调用示例:

In[6] ▶
```
ts = mem. ts(ob,fo,grade_list = [35,37,40],compare = ">=")
print(ts)
```

Out[6]:　[[2.8000000e−01 0.0000000e+00 9.9999900e+05]

[1.6700611e−01 0.0000000e+00 9.9999900e+05]]

在上面的示例中,grade_list 和 compare 是检验参数,这两个参数组合构成判断事件发生与否的条件,例如,grade_list=[35],compare =">="表示当要素值达到 35 时认为事件发生,否则认为事件不发生。grade_list 包含多个元素时,表示同时计算多个等级的二分类 ts 评分。因为有两种预报,每种预报检验了 3 种等级的评分,因此,返回的结果是 2×3 的数组,返回结果中的 9.999900e+0.5(即 999999)表示 ts 评分计算时遇到分母为 0 的情况,即预报没报,实况也没出。上述示例对应的间接调用方式是:

In[7] ▸
```
ts = mpd.score(sta_all,mem.ts,grade_list = [35,37,40],compare = ">=")
print(ts)
```

Out[7]: (array([[2.8000000e−01, 0.0000000e+00, 9.9999900e+05],
          [1.6700611e−01, 0.0000000e+00, 9.9999900e+05]]), None)

通过上面的示例可以看出,mpd.score 函数使用检验参数 grade_list 和 compare 的方式与直接调用是完全相同的。MetEva 中各类检验算法在直接调用和间接调用时能够接受的检验参数的类型和参数设置方式都是相同的。由于不同的检验算法对应着不同的检验参数,因此,mpd.score 的在线文档的函数参数列表中并没有包含检验参数,用户需要查询具体检验算法的参数说明来确定可以使用哪些检验参数。需要提醒的是,检验算法的参数包括数据参数和检验参数,读者需要知道哪些是数据参数,哪些是检验参数,间接调用时只能接受其中的检验参数。

图形检验产品的直接调用方法和数值型检验指标类似,但间接调用的主调函数需要替换成 mpd.plot。下面的例子是关于散点回归图算法的直接调用示例:

In[8] ▸
```
mem.scatter_regress(ob,fo,
          save_path=r"D:\book\test_data\output\out6.8.png",show = True)
```

Out[8]:

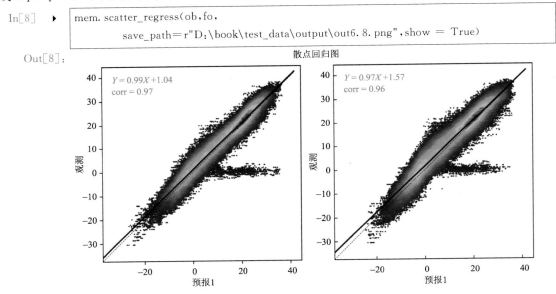

图形检验算法都没有返回结果,在 Jupyter 编辑器中运行时,默认只会将生成的图形显示在屏幕上,如果需要将图片输出至文件,可以通过 save_path 指定输出路径。间接调用方式如下:

In[9] ▸
```
mpd.plot(sta_all,mem.scatter_regress,
          save_path=r"D:\book\test_data\output\out6.9.png",show = True)
```

Out[9]:

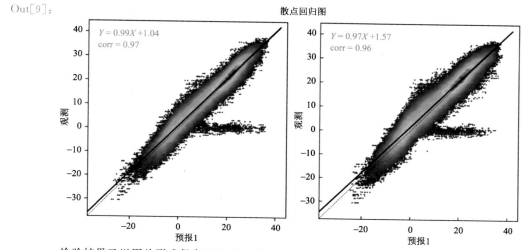

检验结果已以图片形式保存至 D:\book\test_data\output\out6.9.png

上面的例子中,直接调用和间接调用输出的图片内容基本一致,但横坐标略有不同,直接调用时由于未设置每个预报的名称,所以算法给每种预报设置了默认的名称,而在间接调用方式中,mpd.plot 函数获取了预报的名称并通过参数传递给了 mem.scatter_regress 函数,因此,图片中的横坐标会根据实际的预报名称设置。

在上面的示例中,并不涉及数据选取和分类问题,直接调用和间接调用的方便程度是差不多的。但涉及选取和分类问题时,通过间接调用的方法会方便得多,这在第 3 章和第 4 章已经作了详细的说明。因此,对大部分用户来说,通过检验分析模块来间接调用检验算法是更好的选择,需要直接调用检验算法的场景可能有两种,一是用户通过某种方式获得的数据没有坐标信息,二是 MetEva 中提供的检验分析功能不满足需求,用户需要直接调用检验算法来实现新的检验功能。

MetEva 中的空间检验算法的输入数据类型各不相同,且都只能通过直接调用的方式使用,本书不再展开介绍,读者可以根据需求查阅在线文档中的内容。

第 7 章　检验图形绘制

大部分情况下，检验结果需要被绘制成图形才便于解读。mpd. score 可自动完成检验统计和图形绘制，能够满足大部分需求。但在制作用于会议或出版物的图片时，就需要对图形样式进行优化调整。如果需要完全定制的图形效果，可以使用 Matplotlib 库编程实现，但通常编写代码较多，效率不高。通常情况下，常规的折线图、柱状图和水平分布图等形式就能满足检验结果的呈现要求，用户需要调整的主要是标题、坐标、字体、子图排列等设置，让图片简洁清晰且重点突出，以便能够更加有效地传递信息。为此，MetEva 集成了便捷绘图功能，这样用户可以通过调整参数实现更个性化的绘图。

MetEva 中检验分析模块的绘图功能就是通过调用便捷绘图函数实现的，绘图函数的参数也因此可以在检验分析函数中使用。为了帮助用户了解更多场景下的绘图参数设置，本章对便捷绘图功能作更详细的介绍。在运行具体的示例程序前，首先导入必须的程序库如下。

In[1] ▶
```
import meteva. base as meb
import meteva. method as mem
import meteva. product as mpd
import pandas as pd
import numpy as np
import matplotlib. pyplot as plt
```

7.1　矩阵数据的绘制

在开展多种预报的分类检验时，返回结果通常是数组，其最常用的展示形式是柱状图、折线图和色块图（热力图）。以折线图为例，一维数组可以用一根折线表示，二维数组可以用多根折线表示，三维数组可以用包含多根折线的多个子图表示。

MetEva 中集成的矩阵数据绘制函数包括柱状图（meb. bar）、折线图（meb. plot）和色块图（meb. mesh），与 Matplotlib 中类似的函数功能相比，它们要便利得多。在下面的例子中，需要将一个 3×4 的二维数组绘制成图形，通过调用 meb. plot 函数就可以自动地绘制成包含 3 根折线、每根折线有 4 个点的图形，对应的横坐标也是 4 个。

In[2] ▶
```
data2 = np. random. rand(3,4)
meb. plot(data2)
```

Out[2]:

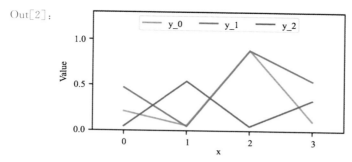

在下面的例子中,需要将一个 2×3×4 的三维数组绘制成图形,通过调用 meb. plot 函数就可以自动地绘制成包含 2 个子图的图形,每个子图包含 3 根折线,每根折线有 4 个点,对应的横坐标也是 4 个。在科研实践中,经常需要借助图形查看一些数组形式的中间结果,可以使用下面示例中的方式快速实现。

In[3]　▶
```
data3 = np. random. rand(2,3,4)
meb. plot(data3)
```

Out[3]:

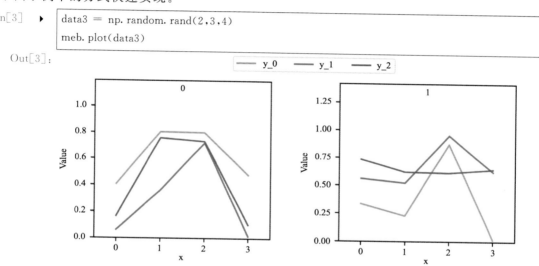

上面图形的坐标信息和 legend 都是自动生成的,供作图者自己阅读已是足够。若用于和他人交流,则需要增加有物理意义的子图标题、legend 和横坐标。在使用 meb. plot 绘图时,不需要具体的去设置这些图形元素,只需要通过一个数组描述参数 name_list_dict 告诉程序关于数组每个维度的名称和坐标。对于上面的 2×3×4 的数组来说,假设它代表的含义是 2 个等级的 3 种模式的 4 种时效的评分,那就可以通过如下的方式设置 name_list_dict:

In[4]　▶
```
name_list_dict = {
    "等级":[">=10mm",">=25mm"],
    "model":["ECMWF","CMA_GFS","CMA_MESO"],
    "时效(小时)":[24,48,72,96]}
meb. plot(data3,name_list_dict)
```

Out[4]:

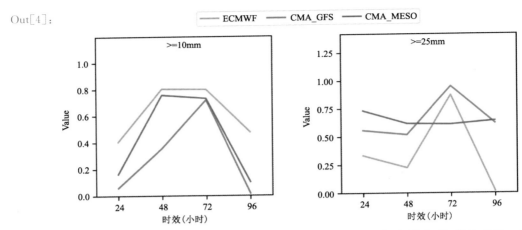

数组描述参数 name_list_dict 是一个字典，字典参数的 key 依次是各维度的名称，每个 key 对应的 value 是相应维度的坐标值。将数组和数组描述参数输入 meb. plot 后就可以自动绘制子图标题、legend 和横坐标了。进一步地，用户也可以通过 axis 和 legend 参数来指定绘图时用哪个维度作为横坐标和 legend。例如，用户需要以 model 作为横坐标并以等级作为 legend，则可以用如下方式进行指定：

In[5] ▶ ```
meb. plot(data3,name_list_dict,axis = "model",legend = "等级")
```

Out[5]:

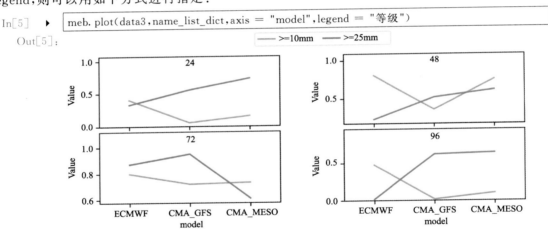

在上面示例中，参数 axis 的作用是告诉程序以哪个维度作为横坐标，因此，它只能设置为 name_list_dict 的一个 key，legend 参数也类似。上述示例表明，在 meb. plot 中更改数据显示的组织形式非常方便，另一个更重要的好处是不容易引起混乱，因为编写数组描述参数时只需依次考虑每个维的含义，而不用考虑它们之后在图形中要如何排列。

使用 meb. plot 函数还可以使用 sup_title、ylabel、vmin、vmax、ncol、grid、tag、sup_fontsize、width、height 和 color_list 等参数来控制图形的总标题、纵坐标名称和取值范围、子图列数、网格线、数字标注的有效位数、字体大小、图片宽度、图片高度和每条折线的颜色。示例如下：

In[6] ▶ ```
meb. plot(data3,name_list_dict,sup_title ="不同阈值等级降水预报 ts 评分",
    ylabel = "ts 评分",vmin = 0,vmax = 1.2,ncol = 1,grid = True,tag = 2,
    sup_fontsize = 16,width = 6,height = 4,color_list = ["r","g","b"])
```

Out[6]:

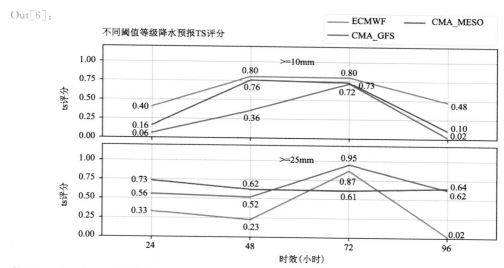

使用 meb.plot 不能精细地控制每组文字的字体大小,sup_fontsize 图形中总标题的字体
大小。子图标题、坐标名称、坐标刻度、数字标注、legend 文字的字体会自动设置为总标题的
0.9、0.8、0.8、0.6 和 0.8 倍。当横坐标出现重叠时,会自动跳点显示,例如:

In[7] ▶
```
data4 = np.random.rand(3,2,10)
name_list_dict4 = { "等级":[">=10mm",">=25mm",">=50mm"],
        "model":["ECMWF","CMA_GFS"],
        "时效(小时)":[24,48,72,96,120,144,168,192,226,240]}
meb.plot(data4,name_list_dict4, ncol = 3,sup_fontsize = 12,grid = True)
```

Out[7]:

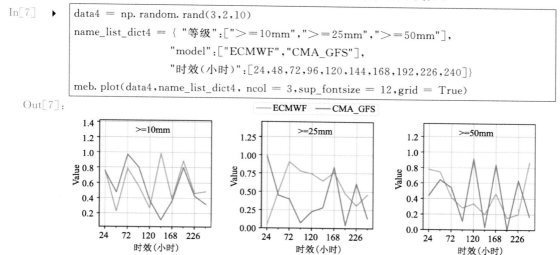

在上述示例中,由于横坐标宽度限制,坐标刻度自动间隔了 1 个未显示。用户也可以通过
sparsify_xticks 来指定每多少个刻度标注一个。如果需要强制显示所有横坐标刻度,则设置
sparsify_xticks=1,例如:

In[8] ▶
```
meb.plot(data4,name_list_dict4, ncol = 3,sup_fontsize = 12,
        grid = True,sparsify_xticks=1)
```

Out[8]：

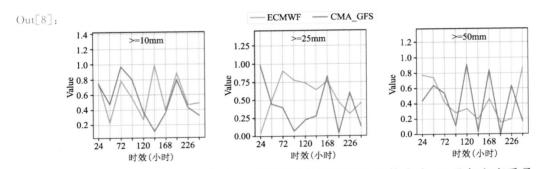

设置 sparsify_xticks 参数后，程序会自动调整横坐标刻度的字体大小，以避免文字重叠。

以上示例展示了将数组绘制成折线图的方式，若需要绘制成柱状图，则改用 meb. bar 函数即可：

In[9] ▶
```
meb. bar(data4,name_list_dict4, ncol = 3,sup_fontsize = 12,
         grid = True,sparsify_xticks=1,bar_width=0.3)
```

Out[9]：

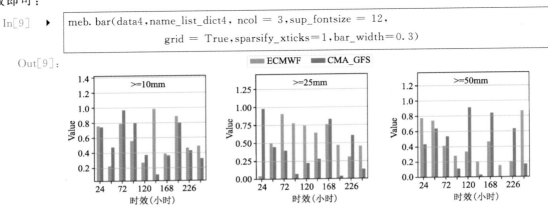

与 meb. plot 函数相比，meb. bar 函数中多出一个可以控制条柱宽度的 bar_width 参数。

如果需要绘制成色块图，可以用 meb. mesh 函数，调用方法如下：

In[10] ▶
```
meb. mesh(data4,name_list_dict4, ncol = 3,sup_fontsize = 12,
          axis_x="等级",axis_y = "时效（小时）",height = 2)
```

Out[10]：

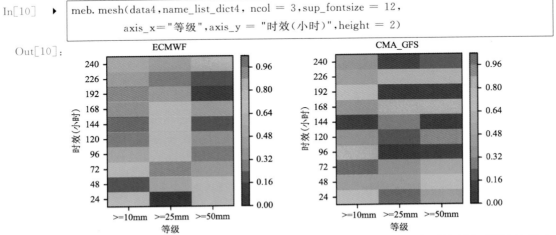

如上例所示，调用 meb. mesh 函数时可以通过 axis_x 和 axis_y 来分别控制各子图的横坐标和纵坐标。

mpd. score 函数不能直接将不同的检验指标绘制在同一张图上，如有需要可先分别计算不同的检验指标，然后将多种检验指标合并到一个数组中，再利用矩阵绘图函数将它们绘制在同一图形中。例如：

In[11] ▶
```
t2m_all = pd. read_hdf(r"H:\task\book\test_data\charpter4\sta_all. h5")#读入数据
rmse,gtime = mpd. score(t2m_all,mem. rmse,g = "dtime")    #计算平均绝对误差
ts,_ = mpd. score(t2m_all,mem. ts,grade_list = [35],g = "dtime") #计算高温 ts 评分
score = np. array([rmse,ts])                             #将多种评分合并成一个数组
name_list_dict5 = {"评分":["rmse","ts"],
                   "时效(小时)":gtime,
                   "model":["ECMWF","CMA_GFS"]}
meb. plot(score,name_list_dict5,axis = "时效(单位:小时)", ncol = 2,
          sup_title = "温度预报评分", sup_fontsize = 16)#将多种评分绘制在一张图上
```

Out[11]:

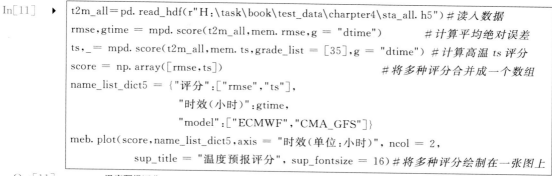

　　meb. plot 函数会将数组中的缺省值(999999)用虚线连接,以同其他非缺省值区分。在计算 ts 评分时如果命中数、空报数和漏报数之和为 0,则会返回缺省值,示例中右图虚线连接的部分就对应 ts 评分为缺省值的情况。meb. bar 函数则是以黑色三角形区分缺省值和数值为 0 的情况,上面的折线图换成柱状图的效果如下：

In[12] ▶
```
#将多种评分以柱状图形式绘制在一张图上
meb. bar(score,name_list_dict5,axis = "时效(小时)",
         sup_title = "温度预报评分", ncol = 2,sup_fontsize = 16)
```

Out[12]:

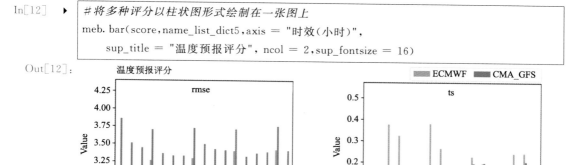

7.2　站点数据的绘制

　　第 4.2.3 节中介绍了统计和绘制检验指标空间分布的功能函数 mpd. score_id,其中介绍

了一些绘图参数的设置方法。事实上,这些绘图参数被传递给站点数据绘图函数 meb. scatter _sta。因此,在使用 mpd. score_id 时如果需要更改绘图效果,可以查阅 meb. scatter_sta 的说明文档,了解其中各个参数的使用方法。meb. scatter_sta 能够自动添加标题、横坐标、纵坐标和地图等信息,在其他的业务和科研绘图中使用也很便利。

下面从文件中导入样例数据,包含 ECMWF 和 NCEP 模式的两个时效(24 h 和 48 h)预报数据以及与之匹配的观测数据。

In[13]   ▶   rain_all = pd. read_hdf(r"D:\book\test_data\sta_all_rain24H. h5")
rain_all

Out[13]:

	level	time	dtime	id	lon	lat	ob	ECMWF	NCEP
22032	0	2022-08-30 08:00:00	24	53478	112.45	40.00	0.0	0.191	0.000
22058	0	2022-08-30 08:00:00	24	53553	111.22	39.87	0.0	0.000	0.000
...	...	...	...	...	...	...	...	...	...
2347761	0	2022-10-25 20:00:00	48	58049	119.80	34.02	2.5	0.785	0.687

102357 rows × 9 columns

上面的数据涉及 4 个平面场,调动 meb. scatter_sta 可以自动地将上述数据绘制成 4 张平面图并输出,例如:

In[14]   ▶   rain_one = meb. sele_by_para(rain_all,
        time = "2022100108",member=["ECMWF","NCEP"])
meb. scatter_sta(rain_one,save_dir = r"D:\book\test_data\output")

Out[14]:   图片已保存至 D:\book\test_data\output/ECMWF_L0_2022 年 10 月 01 日 08 时 24H 时效 . png
图片已保存至 D:\book\test_data\output/NCEP_L0_2022 年 10 月 01 日 08 时 24H 时效 . png
图片已保存至 D:\book\test_data\output/ECMWF_L0_2022 年 10 月 01 日 08 时 48H 时效 . png
图片已保存至 D:\book\test_data\output/NCEP_L0_2022 年 10 月 01 日 08 时 48H 时效 . png

批量生成的 4 张图片如下所示:

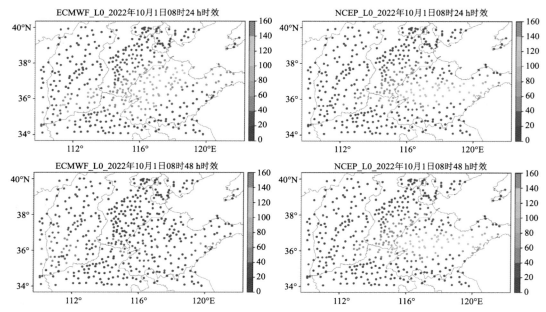

为了方便对比分析,有时需要将多张平面图以子图形式放置在同一张图片中,例如,将不同时效的数据放在一起对比,则设置 subplot = "dtime" 即可:

In[15]　▶ ｜ meb. scatter_sta(rain_one, subplot = "dtime", ncol = 2)

Out[15]:

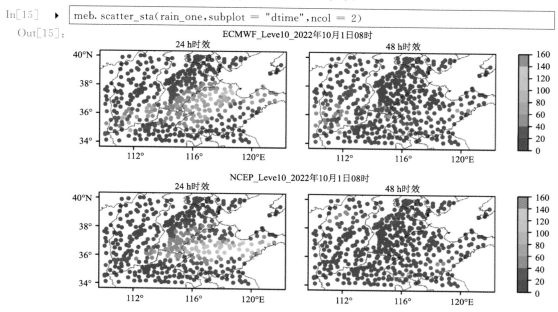

在上面的示例中,程序输出了 2 张图片,每张图片有 2 个子图。ncol 参数是用于指定子图的列数。当不设置输出路径时,程序就自动将图片显示在屏幕上。如果需要将不同预报或观测的数据进行对比,则可以设置 subplot = "member",例如:

In[16]　▶ ｜ meb. scatter_sta(rain_one, subplot = "member", ncol = 2,
　　　　　　　　　　save_dir = r"D:/book/test_data/output", show = True)

Out[16]:

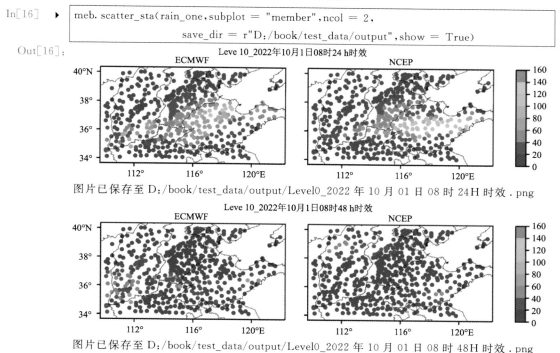

图片已保存至 D:/book/test_data/output/Level0_2022 年 10 月 01 日 08 时 24H 时效 . png

图片已保存至 D:/book/test_data/output/Level0_2022 年 10 月 01 日 08 时 48H 时效 . png

设置了路径参数后,默认会将图片输出至文件中而不在屏幕上显示,若设置 show =

True,则可以同时在屏幕上显示。

meb.scatter_sta 提供了 10 余种参数用于调整散点图的样式,用户可以通过在线文档查阅这些参数的用法。本节将介绍散点大小和颜色的设置方法,因为它们是最常用的突出信息的手段。默认情况下,meb.scatter_sta 绘制的散点尺寸是相同的,并且让散点更大同时保证98%的站点不被覆盖过半。为了让取值更大的站点数据有突出显示的效果,可更改参数 fix_size 的设置。当 fix_size 设为默认值 True 时,各散点面积相同,当 fix_size = False 时,散点的面积与站点值成正比,应用效果如下:

In[17] ▶
```
rain_24h = meb.sele_by_para(rain_one,dtime = 24)
meb.scatter_sta(rain_24h,subplot = "member",ncol = 2,fix_size=False)
```

Out[17]:

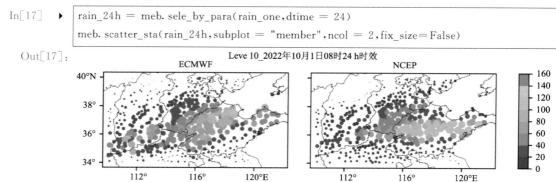

在上图中降水弱的区域接近空白,降水强的区域被突出显示。fix_size = False 时,取值较大区域散点互相覆盖的比例会增多,此时可以通过参数 point_size 来调节散点的平均面积,减少覆盖,例如:

In[18] ▶
```
meb.scatter_sta(rain_24h,subplot = "member",ncol = 2,
        fix_size=False,point_size=3)
```

Out[18]:

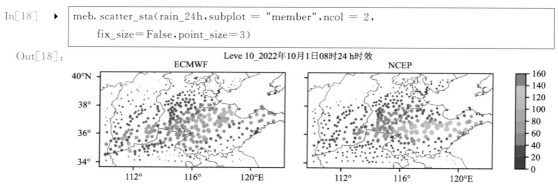

在 fix_size 为缺省值 True 时,point_size 对应的平均面积是每个散点的面积。

合适的配色是另外一种增强显示效果的方式。MetEva 绘制平面图时默认的配色是 Matplotlib 中的"rainbow",即从上到下依次是红橙黄绿青蓝紫,这种配色方案有较好的区分度,但重点不突出。MetEva 集成了一部分适合基本要素和检验指标的配色方案,每种方案以一个字符串命名,例如,"rain_24h""temp_2m""me""mae"、"ts""bias"分别是针对 24 h 降水量、2 m 温度、平均误差、平均绝对误差、ts 评分、bias 评分的配色方案。将配色方案名称赋值给参数 cmap,即可实现相应的配色,例如:

In[19] ▶
```
meb.scatter_sta(rain_24h,subplot = "member",ncol = 2,
                        cmap = "rain_24h",point_size = 5)
```

Out[19]：
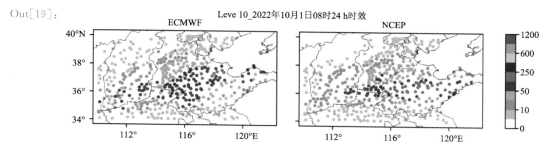

为了方便引用，MetEva 将颜色方案的名称设置成同名的全局变量，例如，设置 cmap ＝ meb. cmaps. rain_24h 和 cmap＝"rain_24h"效果是一样的，使用时如果忘记了配色方案的名字，也可以利用 Python 编辑器的自动补齐功能弹出。cmap 参数也可以接受所有 Matplotlib 的配色方案名称（字符串）作为输入选项。如果所有这些固定的配色方案仍然不能满足需求，用户可以用如下方式设置自定义配色：

In[20]　▶
```
cmap = [[255,255,255],[0,255,0],[0,0,255],[255,0,0]]   # 白,绿,蓝,红
clevs = [0,10,25,50,100]   #等级数＝颜色数＋1
meb. scatter_sta(rain_24h,subplot = "member",ncol = 2,cmap = cmap,clevs = clevs)
```

Out[20]：
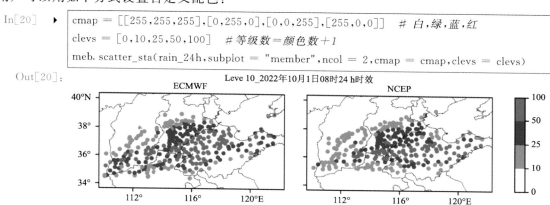

在上述示例中，cmap 是一个二层列表，内容依次是各种颜色的 rgb 值，clevs 是要素等级列表。clevs 的值必须设置得比 cmap 长，当等级数比颜色数多 1 时，相邻等级之间的区间和颜色是一一对应的。如果等级数大于颜色数加 1，会通过线性内插的方式将颜色数增加到和等级区间数一样，效果如下面的例子所示：

In[21]　▶
```
cmap = [[255,255,255],[0,255,0],[0,0,255],[255,0,0]]   # 白,绿,蓝,红
clevs = np. arange(0,160,10)   # 等级数＞颜色数＋1
meb. scatter_sta(rain_24h,subplot = "member",ncol = 2,cmap = cmap,clevs = clevs)
```

Out[21]：
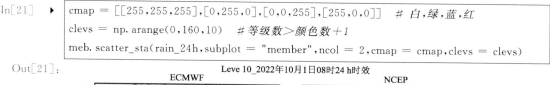
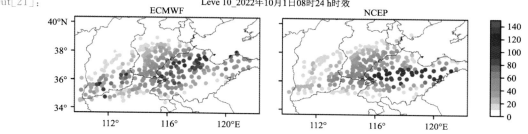

7.3　格点数据的绘制

当前预报数据大多是格点数据形式,观测数据也有格点化的产品,在检验或诊断分析时,经常需要将网格数据绘制成图。此外,站点数据也可插值成网格数据来绘图显示。例如,将上一节的示例数据插值到格点后,可通过 meb.contourf 进行绘图,方法如下:

In[22]　▶

```
grid0 = meb.grid([110,122,0.1],[34,40,0.1])
rain_24h_grd = meb.interp_sg_idw(rain_24h,grid0) #站点插值成网格数据
meb.contourf(rain_24h_grd,subplot = "member",ncol = 2,
                    cmap = "rain_24h",clip = "china") #绘图
```

Out[22]:

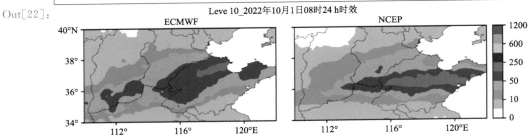

示例中,subplot＝"member"表示网格数据的不同 member 维度成员绘制在不同子图中,ncol 和 cmap 的用法和散点图相同,clip 是白化参数,可将指定区域之外设置为白色,它只对 meb.contourf 有效。和上一节的散点形式图形相比,根据格点数据绘制的图形显得更为简洁。

将格点数据绘图参数传递给 mpd.score_id 函数,则可以将站点上的评分插值到格点后显示。例如:

In[23]　▶

```
result = mpd.score_id(rain_all,mem.ts,grade_list = [10],
            subplot="member",ncol=2,plot = "contourf",
            clip = "china",cmap = "ts",sup_title = "中雨等级 ts 评分")
```

Out[23]:

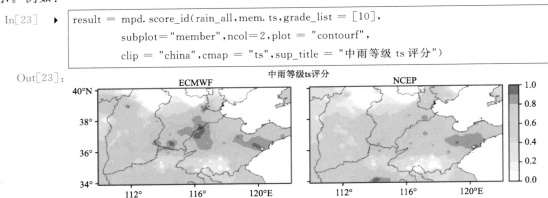

7.4　多图层绘制

对预报误差的影响因素或来源进行检验分析时,经常需要绘制多要素叠加的图形。此时

可以用 MetEva 的多图层绘制功能来实现。该功能包括创建画图框(meb. creat_axs)、添加散点(meb. add_scatter)、添加散点文字(meb. add_scatter_text)、添加落区等值线(meb. add_closed_line)、添加马赛克图(meb. add_mesh)、添加等值线(meb. add_contour)、添加填色(meb. add_contourf)和添加风羽图(meb. add_barbs)等函数族。

　　为了说明上述函数功能,以下先从文件中读入观测降水量(rain24,站点数据)、降水主观落区预报(rain_contour,Micaps 等值线数据)、ECMWF 模式降水预报(rain_ecmwf,格点数据)、500 hPa 高度场(h500,格点数据)、850hPa 相对湿度场(rh850,格点数据)和 850 hPa 风场(wind850,格点风场数据),并计算出 850hPa 的风速场(speed,格点数据)。

In[24] ▶
```
rain24 = meb. read_stadata_from_micaps3 (r"D:\book\test_data\input\RAIN24H_22052720.000")

rain_contour = meb. read_micaps14(r"D:\book\test_data\input\rr052620.024")

rain_ecmwf = meb. read_griddata_from_nc (r"D:\book\test_data\input\ECMWF_22052608.024.nc")

h500 = meb. read_griddata_from_nc(r"D:\book\test_data\input\H500_22052708.000.nc")

rh850 = meb. read_griddata_from_nc (r"D:\book\test_data\input\RH850_22052708.000.nc")

wind850 = meb. read_gridwind_from_gds_file (r"D:\book\test_data\input\WIND850_22052708.000")

speed,_ = meb. wind_to_speed_angle(wind850)
```

　　通过如下代码,可以将上述数据叠加绘制在一张包含多个子图的图形中:

In[25] ▶
```
map_extend = [111,119,22,28]

axs = meb. creat_axs(4,map_extend,ncol = 2,sup_title = "2022 年 5 月 27 日降水和形势场",
                     add_index = ["a","b","c","d"],sup_fontsize = 10,wspace=1)

image = meb. add_scatter(axs[0],rain24,cmap = meb. cmaps. rain_24h,add_colorbar = True,alpha=1)

image = meb. add_closed_line(axs[0],rain_contour,linewidth = 0.5,fontsize = 5)

image = meb. add_scatter_text(axs[1],rain24,color = "w",font_size=5,tag = 0)

image = meb. add_mesh(axs[1],rain_ecmwf,cmap="rain_24h")

image = meb. add_contour(axs[2],h500,linewidth = 0.5,clevs = np. arange(400,600,1),color = "b")

image = meb. add_contourf(axs[2],rh850,cmap = meb. cmaps. rh,clevs = np. arange(0,101,5),add_colorbar=True)

image = meb. add_contour(axs[3],h500,linewidth = 1,clevs = np. arange(400,600,1),color = "b")

image = meb. add_contourf(axs[3],speed,cmap = meb. cmaps. wind_speed,add_colorbar=True)

image = meb. add_barbs(axs[3],wind850,color = "k",skip = 2)

plt. savefig(r"D:\book\test_data\output\out7.26. png",bbox_inches='tight') #'tight'白边最小化

print("图片成功保存至" + r"D:\book\test_data\output\out7.26. png")
```

Out[25]:　图片成功保存至 D:\book\test_data\output\out7.25. png

　　上述代码的绘图效果如下:

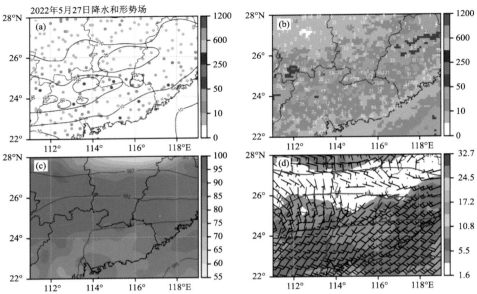

在上面的示例中，meb. creat_axs 可用于创建多个子图的绘图框，第一个参数 4 用于指定子图个数；第二个参数用于指定每个子图的经纬度范围（起始经度、结束经度、起始纬度、结束纬度）；ncol 参数用于指定子图的排列方式；sup_title 用于设置总标题；add_index 用于设置每个子图的文字编号，它们会被绘制在子图左上角；sup_fontsize 用于设置总标题的字体大小，其他字体根据总标题等比例调整；wspace 用于调整不同子图间的间隙，以避免文字重叠。meb. creat_axs 的返回结果是一个绘图框列表。添加图层的函数都以子图的绘图框作为第一个参数，以数据作为第二个参数。参数 cmap 和 clevs 用于设置散点、散点文字、填色和马赛克图的配色方案，add_colorbar 用于控制是否添加 colorbar。参数 color 可用于控制线条、文字和风羽的颜色。

基于上述绘图功能绘制的图形各子图的范围只能是相同的，文字编号在左上角的位置也是无法调整的。如果需要自定义程度更高的绘图功能可以考虑使用 MetDig 和 MetPy，或者直接使用 Matplotlib 绘图。

第 8 章　基于网格实况的检验

在前面的章节中介绍了 MetEva 的各种功能,展示了 MetEva 功能的丰富性和便利性,但还有一个非常重要的性能未提及,那就是计算效率。气象数据的规模很大,如果没有足够高的计算效率,用户就无法流畅地开展检验分析。MetEva 的检验计算和相关数据处理算法都进行了效率优化,大部分情况下用户不需要考虑它们的优化原理,但如果需要检验的数据规模超出内存容量时,之前章节介绍的检验分析功能就无法直接使用了。本书此前介绍的示例中,都是以站点观测作为检验对标的真值,所以数据规模不太大。若以网格分析场作为检验对标的真值,就不得不面对数据规模超出内存容量的情形。MetEva 提供了一套可并行的算法流程,可在海量数据情况下实现高效率的统计检验,本章接下来将介绍它们的使用方法。

8.1　检验示例说明

本章示例数据是 MODEL_A 和 MODEL_B 两个模式的降水预报。时段范围是 2022 年 5 月 1 日 08 时—8 月 31 日 20 时,每日预报的时间包括 08 时和 20 时。预报数据的网格范围为 $110°$—$120°$E,$24°$—$30°$N,网格间距为 0.25°。MODEL_A 的时效范围是 0～72 h,MODEL_B 的时效范围是 0～240 h。对应的观测数据是 2022 年 5 月 1 日 08 时—2022 年 9 月 10 日 20 时的逐 3 h 的网格降水分析场,网格分辨率为 0.1°。MODEL_A 存储的是累计降水量,例如,时效为 72 h 的数据文件对应的是 0～72 h 时效的累计降水量;MODEL_B 存储的是逐 3 h 的降水量,例如,时效为 72 h 的数据文件对应的是 69～72 h 时效内的降水量。

采用 ts 评分和相关系数等检验指标对两个模式的 3 h 预报进行检验。以下先导入相关的依赖包并设置检验数据的路径、范围和时段。

In[1] ▶
```
import meteva. base as meb
import meteva. method as mem
import meteva. product as mpd
import meteva. perspact as mps  # 透视分析模块
import datetime
import pandas as pd
import numpy as np
import os
```

```
In[2]  ▶  dir_ANA = r"D:\book\test_data\input\ANA\rain03\YYMMDDHH.000.nc"
           dir_MODEL_A = r"D:\book\test_data\input\MODEL_A\ACPC\YYYYMMDD\YYMMD-
           DHH.TTT.nc"
           dir_MODEL_B = r"D:\book\test_data\input\MODEL_B\rain03\YYYYMMDD\YYMMD-
           DHH.TTT.nc"
           grid0 = meb.grid([110,120,0.1],[24,30,0.1])
           times = datetime.datetime(2022,5,1,8)   # 数据集的开始时间
           timee = datetime.datetime(2022,9,1,8)    # 数据集的结束时间
```

当分析和预报的网格范围和间距不同时，需要将读入的数据统一到相同的网格上。上面的代码中设置了网格信息变量 grid0，后续读入分析和预报的数据都统一到该网格上。

8.2 小规模数据的检验

如果检验只针对少量的数据进行，不存在效率和内存容量的问题，很多检验指标都可以通过调用 Numpy 和 Scipy 等常见程序库来实现，也可以调用 MetEva 来实现。例如，下面是检验单个预报场的相关系数和 ts 评分的方法：

```
In[3]  ▶  path_ob = r"D:\book\test_data\input\ANA\rain03\22050208.000.nc"
           grd_ob = meb.read_griddata_from_nc(path_ob,grid = grid0)      # 读取观测数据
           path_fo = r"D:\book\test_data\input\MODEL_B\rain03\20220501\22050108.024.nc"
           grd_fo = meb.read_griddata_from_nc(path_fo,grid = grid0)      # 读取观测数据
           corr1 = np.corrcoef(grd_ob.values.flatten(),grd_fo.values.flatten())[1,0]
           corr2 = mem.corr(grd_ob.values,grd_fo.values)
           print("调用 Numpy 计算的相关系数:"+str(corr1))
           print("调用 MetEva 计算的相关系数:"+str(corr2))
           ts1 = mem.ts(grd_ob.values,grd_fo.values,grade_list = [5])
           print("调用 MetEva 计算的 ts 评分:"+str(ts1))
```

Out[3]：调用 Numpy 计算的相关系数:0.8643300552026049
调用 MetEva 计算的相关系数:0.8643300552026045
调用 MetEva 计算的 ts 评分:0.029411764705882353

上面代码中调用 np.corrcoef 和 mem.corr 计算的相关系数是一样的，后者调用方法略简单一些。上面代码中调用 mem.ts 时设置的参数 grade_list = [5]代表检验的是 5 mm 等级的 ts 评分。

8.3 大规模数据的检验

8.3.1 串行方法

如果要对本章示例中所有时间的预报作一个整体检验，就不能将所有数据都读入之后再

调用检验函数。如果不基于 MetEva 提供的并行检验方法,需要为每种检验指标的统计设计专用的程序流程。下面以 ts 评分和相关系数为例进行说明。

1)ts 评分

表 6.2 是二分类预报列联表,二分类预报的评价指标都可以根据列联表中数值计算得到。例如,$ts=h/(h+f+m)$。考虑到检验计算时输入的数据一般不是列联表,而是一组观测预报数据,因此,在计算 ts 评分的传统算法中会循环判断每一对观测和预报数据是否超过阈值,由此判断它属于命中、空报、漏报还是报无未出的情况,并在相应的数目上增加 1,从而统计出列联表,最后计算出 ts 评分,其算法流程图如图 8.1 所示。

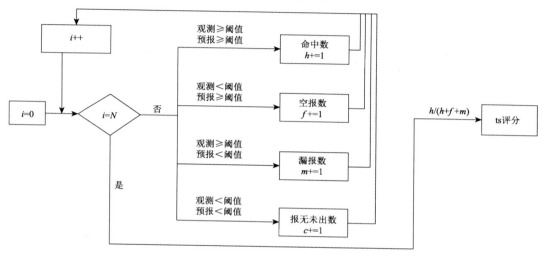

图 8.1 ts 评分的传统算法流程

考虑到 Python 中采用循环计算的效率非常低,在作阈值判断时不要逐个格点进行判断,可以使用 numpy 的 where 函数功能对整场进行阈值判断。按照上面的计算流程,下面的代码中统计了 24 h 时效的 5 mm 等级 ts 评分。

```
In[4]    ▶    dh = 24              # 预报时效
              hit = 0
              mis = 0
              fal = 0
              time_fo = times
              while time_fo < timee:
                  time_ob = time_fo + datetime.timedelta(hours = dh)
                  path_ob = meb.get_path(dir_ANA,time_ob)
                  path_fo = meb.get_path(dir_MODEL_B,time_fo,dh)
                  if os.path.exists(path_ob) and os.path.exists(path_fo):
                      grd_ob = meb.read_griddata_from_nc(path_ob,grid = grid0)
                      grd_fo = meb.read_griddata_from_nc(path_fo,grid = grid0)
                      index= np.where((grd_ob.values>=5) &(grd_fo.values>=5))
                      hit += len(index[0])
```

```
         index= np. where((grd_ob. values>=5) &.(grd_fo. values<5))
         mis += len(index[0])
         index= np. where((grd_ob. values<5) &.(grd_fo. values>=5))
         fal += len(index[0])
       time_fo += datetime. timedelta(hours = 12)
ts = hit/(hit+mis+fal)   # ts 评分计算公式
print("不调用 MetEva 检验算法得到的 ts 评分："+str(ts))
```

Out[4]： 不调用 MetEva 检验算法得到的 ts 评分：0.17537835694832282

2）相关系数

相关系数的计算公式为：

$$r = \frac{S_{OF}}{\sigma_O \sigma_F} \tag{8.1}$$

其中，S_{OF} 观测预报协方差，σ_O 为观测标准差，σ_F 为预报标准差，它们又由如下公式计算：

$$S_{OF} = \sum_{i=1}^{N} (F_i - \overline{F})(O_i - \overline{O}) \tag{8.2}$$

$$\sigma_O = \sqrt{\sum_{i=1}^{N} (O_i - \overline{O})^2} \tag{8.3}$$

$$\sigma_F = \sqrt{\sum_{i=1}^{N} (F_i - \overline{F})^2} \tag{8.4}$$

其中，N 代表检验样本数。

根据上面的公式可知，计算相关系数需先计算观测均值和预报均值，再计算观测标准差、预报标准差和预报观测协方差。考虑到内存无法同时容纳所有的数据，因此，这些统计量需分块计算。图 8.2 给出了计算相关系数的传统分块计算流程，在该流程中需要先循环读取所有数据以求取观测和预报的平均值，之后再重新读取数据计算观测和预报的方差和协方差。

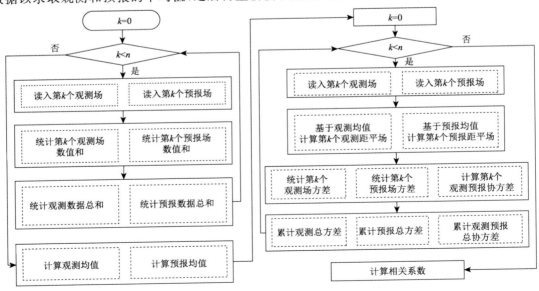

图 8.2　相关系数的传统分块计算流程

　　按照上面的计算流程,下面的代码实现了 24 h 时效的相关系数的统计计算。首先,通过循环读取观测和预报数据,统计观测和预报的平均值:

In[5] ▶
```
ob_sum = 0        # 观测累加的起点
fo_sum = 0        # 预报累加的起点
grid_count = 0   # 样本数累加的起点
time_fo = times
while time_fo < timee:
    time_ob = time_fo + datetime.timedelta(hours = dh)
    path_ob = meb.get_path(dir_ANA, time_ob)
    path_fo = meb.get_path(dir_MODEL_B, time_fo, dh)
    if os.path.exists(path_ob) and os.path.exists(path_fo):
        grd_ob = meb.read_griddata_from_nc(path_ob, grid = grid0)
        grd_fo = meb.read_griddata_from_nc(path_fo, grid = grid0)
        ob_sum += np.sum(grd_ob.values)      # 观测累加
        fo_sum += np.sum(grd_fo.values)      # 预报累加
        grid_count += grd_fo.values.size     # 样本数累加
    time_fo += datetime.timedelta(hours = 12)
ob_mean = ob_sum/grid_count      # 计算观测平均
fo_mean = fo_sum/grid_count      # 计算预报平均
```

　　接下来重新读取数据,并基于平均值计算观测方差、预报方差和观测预报协方差:

In[6] ▶
```
ob_var = 0        # 观测方差累加起点
fo_var = 0        # 预报方差累加起点
ob_fo_cov = 0     # 协方差累加起点
time_fo = times
while time_fo < timee:
    time_ob = time_fo + datetime.timedelta(hours = dh)
    path_ob = meb.get_path(dir_ANA, time_ob)
    path_fo = meb.get_path(dir_MODEL_B, time_fo, dh)
    if os.path.exists(path_ob) and os.path.exists(path_fo):
        grd_ob = meb.read_griddata_from_nc(path_ob, grid = grid0)
        grd_fo = meb.read_griddata_from_nc(path_fo, grid = grid0)
        ob_var += np.sum(np.power(grd_ob.values - ob_mean, 2)) # 累加观测方差
        fo_var += np.sum(np.power(grd_fo.values - fo_mean, 2))  # 累加预报方差
        # 累加观测预报协方差
        ob_fo_cov += np.sum((grd_ob.values - ob_mean) * (grd_fo.values - fo_mean))
    time_fo += datetime.timedelta(hours = 12)
ob_var /= grid_count    # 计算观测方差
fo_var /= grid_count    # 计算预报方差
ob_fo_cov /= grid_count    # 计算观测预报协方差
```

　　最后,基于上面计算得到的观测方差、预报方差和观测预报协方差计算出相关系数。

In[7] ▶
```
corr = ob_fo_cov/((ob_var * fo_var) ** 0.5)    #计算相关系数
print("不调用 MetEva 检验算法得到的相关系数："+str(corr))
```

Out[7]：不调用 MetEva 检验算法得到的相关系数：0.3277257368746908

从上面的流程图和程序可知,这种传统的分块计算流程是串行执行的,并且还需重复 2 次读取观测和预报数据,运行效率不高。

8.3.2 并行方法

为了提升大规模数据检验计算的效率,MetEva 为大部分检验算法提供了并行计算方案,它包含三个步骤：

步骤(1)：基于分块数据,统计分块统计量；

步骤(2)：将分块统计量合并成总体统计量；

步骤(3)：基于总体统计量计算最终检验指标。

其中,第 1 部分是决定计算效率的主要部分,可以采用并行的方式进行计算。第 2 部分中,对于大部分检验指标而言,将分块统计量累加就可以得到总体统计量,但有少部分检验指标需要设计专门的合并函数来实现分块统计量的合并。下面以二分类的 ts 评分和连续量的相关系数为例进行说明。

1)ts 评分

为支持并行计算,MetEva 将统计列联表的模块独立封装为函数 hfmc,基于列联表计算 ts 的功能封装为函数 ts_hfmc,而函数 ts 通过调用 hfmc 和 ts_hfmc 实现完整的 ts 评分计算功能,具体结构如图 8.3 所示。对小规模数据检验时,直接调用函数 ts 即可。对大规模数据检验时,则可以采用图 8.3 所示的流程,首先应用函数 hfmc 从分块的观测预报数据中统计出相应的列联表,再通过分块列联表相加获得整体的列联表,最终利用函数 ts_hfmc 计算出总的 ts 评分。

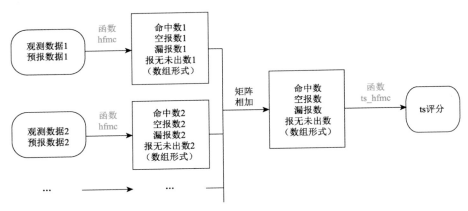

图 8.3　基于 MetEva 的 ts 评分并行计算流程

基于 MetEva 提供的 hfmc 和 ts_hfmc 函数,上面计算 24 h 时效 ts 评分的程序可以稍作简化：

In[8]　▶
```
dh = 24                    # 预报时效
hfmc = np. zeros(4)
time_fo = times
while time_fo <= timee:
    time_ob = time_fo + datetime. timedelta(hours = dh)
    path_ob = meb. get_path(dir_ANA,time_ob)
    path_fo = meb. get_path(dir_MODEL_B,time_fo,dh)
    if os. path. exists(path_ob) and os. path. exists(path_fo):
        grd_ob = meb. read_griddata_from_nc(path_ob,grid = grid0)
        grd_fo = meb. read_griddata_from_nc(path_fo,grid = grid0)
        hfmc[:] = hfmc[:] +  mem. hfmc(grd_ob. values,grd_fo. values,
                                            grade_list = [5])
    time_fo += datetime. timedelta(hours = 12)
ts =   mem. ts_hfmc(hfmc)
print("调用 MetEva 检验算法得到的 ts 评分:"+str(ts))
```

Out[8]：　调用 MetEva 检验算法得到的 ts 评分:0. 17537835694832282

2)相关系数

设有一组观测数据序列(O)和与之匹配的一组预报数据序列（ F ）。将它们都分为两部分：O_1 和 F_1 以及 O_2 和 F_2 。关于 O_1 和 F_1 的统计量（样本数、观测均值、预报均值、观测方差、预报方差、观测预报协方差）记为（ n_1 ， μ_1 ， ν_1 ， ρ_1 ， σ_1 ， s_1 ），类似的 O_2 和 F_2 的统计量记为（ n_2 ， μ_2 ， ν_2 ， ρ_2 ， σ_2 ， s_2 ）。相关系数能否可以采用并行计算取决于两部分数据的统计量是否可以导出总体中间量。经过推导，得出关于 O 和 F 的统计量可以用如下公式计算：

$$n = n_1 + n_2 \tag{8.5}$$

$$\mu = p_1\mu_1 + p_2\mu_2 \tag{8.6}$$

$$\nu = p_1\nu_1 + p_2\nu_2 \tag{8.7}$$

$$\rho = p_1[\rho_1 + (p_2\mu_1 - p_2\mu_2)^2] + p_2[\rho_2 + (p_1\mu_1 - p_1\mu_2)^2] \tag{8.8}$$

$$\sigma = p_1[\sigma_1 + (p_2\nu_1 - p_2\nu_2)^2] + p_2[\sigma_2 + (p_1\nu_1 - p_1\nu_2)^2] \tag{8.9}$$

$$s = s_1 + s_2 + n_1[(1 - p_1)\mu_1 - p_2\mu_2][(1 - p_1)\nu_1 - p_2\nu_2] + \\ n_2[(1 - p_2)\mu_2 - p_1\mu_1][(1 - p_2)\nu_2 - p_1\nu_1] \tag{8.10}$$

其中，p_1 和 p_2 是两部分数据在总数据集中的占比：

$$p_1 = n_1/(n_1 + n_2) \tag{8.11}$$

$$p_2 = n_2/(n_1 + n_2) \tag{8.12}$$

根据上面的公式，可以将两组数据的中间量合并，更多组数据的中间量自然也可以通过多次合并得到总体的中间量。

MetEva 将计算 6 项中间统计量（样本数、观测均值、预报均值、观测方差、预报方差和观测预报协方差）的功能封装为一个函数 tmmsss,将两组中间量合并计算总体中间量的功能封装为函数 tmmsss_merge,并将根据中间量计算相关系数的功能封装为函数 corr_tmmsss。根据公式(8.1)可知，计算相关系数只需 6 个中间量中方差和协方差，但根据公式(8.5)—公式(8.10)可知，每一步中间量合并后不能只保留方差和协方差，否则无法进行后续合并。为了调用方便,corr_tmmsss 是以包含 6 个中间量的数组作为输入。

基于 MetEva 的相关系数并行计算流程如图 8.4 所示。在该流程中，函数 tmmsss 计算分块数据，与上述步骤 1 对应。函数 tmmsss_merge 用于中间统计量的合并，对应步骤 2。函数 corr_tmmsss 对应步骤 3，即基于观测方差、预报方差和观测预报协方差计算相关系数。

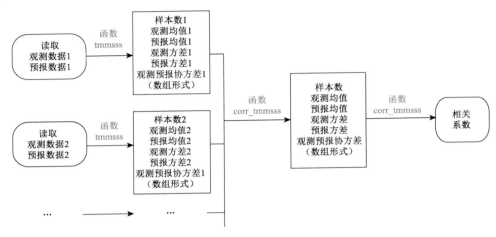

图 8.4　基于 MetEva 的相关系数并行计算流程

基于 MetEva 提供的 tmmsss、tmmsss_merge 和 corr_tmmsss 函数，上面计算 24 h 时效相关系数的程序可做如下简化：

In[9] ▶
```
dh = 24              #预报时效
tms = np.zeros(6)    #总体中间结果
time_fo = times
while time_fo <= timee:
    time_ob = time_fo + datetime.timedelta(hours = dh)
    path_ob = meb.get_path(dir_ANA,time_ob)
    path_fo = meb.get_path(dir_MODEL_B,time_fo,dh)
    if os.path.exists(path_ob) and os.path.exists(path_fo):
        grd_ob = meb.read_griddata_from_nc(path_ob,grid = grid0)
        grd_fo = meb.read_griddata_from_nc(path_fo,grid = grid0)
        tms1 = mem.tmmsss(grd_ob.values,grd_fo.values)    #单个场的中间结果
        tms = mem.tmmsss_merge(tms,tms1) #将单个场的中间结果并入总体中间结果
    time_fo += datetime.timedelta(hours = 12)
corr = mem.corr_tmmsss(tms) #根据中间结果计算相关系数
print("调用 MetEva 检验算法得到的相关系数:"+str(corr))
```

Out[9]：调用 MetEva 检验算法得到的相关系数:0.32772573687469

基于图 8.4 所示的并行计算流程，程序得到很大程度的简化，并且只需读取 1 次观测和预报数据，提升了程序的效率。

由于中间量合并是没有先后顺序要求的，可以进一步改进程序，将读取数据和中间量计算的步骤采用多个线程同时进行，那样可以进一步大幅提升效率（如果没有数据读写效率的限制）。然而本书并不打算给出多线程统计计算的示例代码，原因是并行方案的价值并不在于通过多线程提升效率，而是在于将分块检验的中间结果存储下来，之后就可以根据分块中间结果

组合出不同时空范围内数据的中间结果,并计算出相应的检验指标。例如,为了计算全年的相关系数,已经计算并保存了逐日的分块统计量。之后如果要按月分类计算相关系数,只需根据逐日的分块统计量就可快速合并出逐月的总体统计量,而不必重新读取原始数据。

　　在上面的示例中,中间量 hfmc 只被用于计算 ts 评分,但实际上空报率、漏报率和偏差等一系列二分类检验指标都可以基于 hfmc 来计算,类似的基于 tmmsss 不仅可以计算相关系数,还可以计算均值偏差、残差和纳什系数等多种指标。表 8.2 给出了可以用并行方法计算的检验指标以及它们对应的中间量处理函数。

表 8.2　MetEva 中检验指标的统计函数对应表

检验指标	计算函数	基于中间量计算的函数	中间量统计函数	中间量合并方法
观测和预报发生频次	ob_fo_hc	ob_fo_hc_hfmc	hfmc	矩阵相加
观测和预报发生频率	ob_fo_hr	ob_fo_hr_hfmc		
正确率	pc	pc_hfmc		
ts 评分	ts	ts_hfmc		
ets 评分	ets	ets_hfmc		
偏差	bias	bias_hfmc		
漏报率	mr	mr_hfmc		
空报率	far	far_hfmc		
成功率	sr	sr_hfmc		
命中率	pod	pod_hfmc		
报空率	pofd	pofd_hfmc		
hk 评分	hk_yesorno	hk_yesorno_hfmc		
hss 评分	hss_yesorno	hss_yesorno_hfmc		
odds 评分	odds	odds_hfmc		
orss 评分	orss	orss_hfmc		
晴雨正确率	pc_of_sun_rain	pc_of_sun_rain_hfmc	hfmc_of_sun_rain	矩阵相加
准确率	correct_rate	correct_rate_tc	tc_count	矩阵相加
错误率	wrong_rate	wrong_rate_tc		
平均误差	me	me_tase	tase	矩阵相加
平均绝对误差	mae	mae_tase		
均方根误差	rmse	rmse_tase		
相关系数	corr	corr_tmmsss	tmmsss	tmmss_merge
均值偏差	bias_m	bias_tmmsss		
残差	residual_error	residual_error _tmmsss		
残差率	residual_error_rate	residual_error_rate _tmmsss		
纳什系数	nse	nse_tmmsss		
观测和预报累计量	ob_fo_sum	ob_fo_sum_tmmsss		
观测和预报均值	ob_fo_mean	ob_fo_mean_tmmsss		
均方根倍差	rmsf	rmsf_tlfo	tlfo	矩阵相加
定量相对误差	mre	mre_toar	toar	矩阵相加
风速准确率	acs	acs_nasws	nasws_uv, nasws_s	矩阵相加
风速评分	scs	scs_nasws		
风速偏强率	wind_severer_rate	wind_severer_rate_nasws		
风速偏弱率	wind_weaker_rates	wind_weaker_rate_nasws		
风向准确率	acd	acd_nas	nas_uv, nas_d	矩阵相加
风向评分	scd	scd_nas		
风向风速综合评分	acz	acz_na	na_uv	矩阵相加

8.4 透视分析

上一节提到，如果将分块数据的中间量保存下来，后续就可以快速计算出不同时空范围内的检验指标，但如果不借助合适的工具，用户要编程实现中间量的存储、选取、组合和合并、基于中间量的指标计算和绘图等操作仍然是非常麻烦的。为此，MetEva 专门设计一个透视分析模块来提升这部分工作的效率。

图 8.5 是基于 MetEva 透视分析模块的检验计算流程。它包括中间量收集和检验分析两大部分。在中间量收集环节，通过循环读取观测和预报数据，调用中间量计算函数，将计算的结果连同时空坐标信息一并拼接到一个规整的数据表当中。在检验分析环节，则从数据表中选取部分中间量，按需求进行分组，再将每组中间量合并，然后根据合并后的中间量计算检验指标，最后绘制成图形。

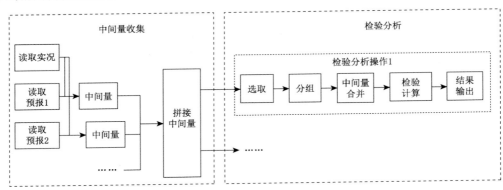

图 8.5　基于 MetEva 透视分析模块的检验计算流程

下面仍以 ts 评分和相关系数的统计为例来说明透视分析流程的程序实现。上一节是直接调用 mem. hfmc 和 mem. tmmsss 来计算中间量，但这样的方式不会保留时空坐标信息，要使返回结果中有坐标信息，则需通过 mps. middle_df_grd 来调用中间统计函数。以下是中间量统计和合并的程序：

```
In[10]    df_hfmc_list = []
          df_tmmsss_list = []    # 用来存储中间结果的列表
          grade_list = [0.1, 5, 10, 20]
          time_fo = times
          while time_fo <= timee:
              for dh in range(3, 241, 3):    # 将所有时效的中间量一并计算
                  time_ob = time_fo + datetime. timedelta(hours=dh)
                  path_ob = meb. get_path(dir_ANA, time_ob)
                  path_fo = meb. get_path(dir_MODEL_B, time_fo, dh)
                  if os. path. exists(path_ob) and os. path. exists(path_fo):
                      grd_ob = meb. read_griddata_from_nc(path_ob, grid=grid0)
```

```
            grd_fo = meb. read_griddata_from_nc(path_fo,
                                        data_name="MODEL_B", grid=grid0)
            # 获取单个时刻的中间结果
            df = mps. middle_df_grd(grd_ob, grd_fo, mem. hfmc,
                                        grade_list=grade_list)
            df_hfmc_list. append(df) # 将单个时刻结果加入列表
            # 获取单个时刻的中间结果
            df = mps. middle_df_grd(grd_ob, grd_fo, mem. tmmsss)
            df_tmmsss_list. append(df)    # 将单个时刻结果加入列表
        time_fo += datetime. timedelta(hours=12)


time_fo = times
while time_fo <= timee:
    for dh in range(3, 73, 3):    # 将所有时效的中间量一并计算
        time_ob = time_fo + datetime. timedelta(hours=dh)
        path_ob = meb. get_path(dir_ANA, time_ob)
        path_fo = meb. get_path(dir_MODEL_A, time_fo, dh)
        path_fo_3 = meb. get_path(dir_MODEL_A, time_fo, dh - 3)
        if os. path. exists(path_ob) and os. path. exists(path_fo)
                                and    os. path. exists(path_fo_3):
            grd_ob = meb. read_griddata_from_nc(path_ob, grid=grid0)
            grd_fo_3 = meb. read_griddata_from_nc(path_fo_3,
                                        data_name="MODEL_A", grid=grid0)
            grd_fo = meb. read_griddata_from_nc(path_fo,
                                        data_name="MODEL_A", grid=grid0)
            grd_fo. values -= grd_fo_3. values # 计算 3 h 降水
            # 获取单个时刻的中间结果
            df = mps. middle_df_grd(grd_ob, grd_fo, mem. hfmc,
                                        grade_list=grade_list)
            df_hfmc_list. append(df) # 将单个时刻结果加入列表
            # 获取单个时刻的中间结果
            df = mps. middle_df_grd(grd_ob, grd_fo, mem. tmmsss)
            df_tmmsss_list. append(df)    # 将单个时刻结果加入列表
        time_fo += datetime. timedelta(hours=12)


# 将不同模式、不同时间、不同时效中间结果合并成一张 DataFrame 表格
df_tmmsss_all = pd. concat(df_tmmsss_list, axis=0)
df_hfmc_all = pd. concat(df_hfmc_list, axis=0)
df_tmmsss_all. to_hdf(r"D:\book\test_data\df_tmmsss_all. h5", "df")
df_hfmc_all. to_hdf(r"D:\book\test_data\df_hfmc_all. h5", "df")
```

在上面的代码中,收集了 MODEL_A 和 MODEL_B 两种预报对应的中间量,考虑到两种预报的时效范围不一样,因此,分成了上下两段循环程序。这两段程序的结构基本是一样的,

只是时效循环的范围和读取网格预报数据的方法有所不同。通过循环不同起报时间、不同时效的预报，将得到的 DataFrame 格式的中间量添加到列表中，最后合并成一张包含不同预报、不同时间和不同时效的中间量数据表。其中，与相关系数有关的中间数据内容如下：

```
In[11]    df_tmmsss_all = pd.read_hdf(r"D:\book\test_data\df_tmmsss_all.h5")
          df_tmmsss_all
```

Out[11]:

	level	time	dtime	member	T	MX	MY	SX	SY	SXY
0	0.0	2022-05-01 08:00:00	3	MODEL_B	6161.0	0.771693	0.836616	1.629635	1.238594	0.684974
0	0.0	2022-05-01 08:00:00	6	MODEL_B	6161.0	0.706947	0.606551	1.225857	0.712259	0.595980
...	...	...	...	...	...	...	...	...	...	...
0	0.0	2022-08-31 20:00:00	72	MODEL_A	6161.0	0.088460	0.038689	0.206351	0.066982	0.046404

25120 rows × 10 columns

上面显示的检验数据中，T、MX、MY、SX、SY 和 SXY 这 6 列分别记录了每份数据的样本数、观测均值、预报均值、观测方差、预报方差和观测预报协方差，其余列则记录了每份数据对应的时空坐标和预报成员名称。与 ts 评分相关的中间数据内容如下：

```
In[12]    df_hfmc_all = pd.read_hdf(r"D:\book\test_data\df_hfmc_all.h5")
              df_hfmc_all
```

Out[12]:

	level	time	dtime	member	grade	H	F	M	C
0	0.0	2022-05-01 08:00:00	3	MODEL_B	0.1	3135.0	767.0	232.0	2027.0
1	0.0	2022-05-01 08:00:00	3	MODEL_B	5.0	28.0	22.0	91.0	6020.0
...	...	...	...	...	...	...	...	...	...
3	0.0	2022-08-31 20:00:00	72	MODEL_A	20.0	0.0	0.0	0.0	6161.0

100480 rows × 9 columns

上面显示的检验数据中，H、F、M 和 C 这 4 列分别记录了每份数据的命中数、空报数、漏报数和报无未出数。grade 列则记录了将降水量预报转换为二分类事件的阈值，它和其余列的数据一样，都是关于中间量的标记。针对上一节的 ts 评分示例，如果基于中间数据集，则只需如下一行代码即可以完成计算：

```
In[13]    ts,_ = mps.score_df(df_hfmc_all,mem.ts,
                      s = {"dtime":24,"member":"MODEL_B","grade":5})
          print(ts)
```

Out[13]：[0.17537836]

从上面的代码可知，mps.score_df 的第一个参数是检验中间量数据集，第二个参数是检验指标的函数名。参数 s 是用来选取数据的，上面的示例中通过它从中间数据集中选取了 MODEL_B 的 24 h 时效预报的 5 mm 等级的中间量，它包括不同起报时间的数据，经合并后得到总体的中间量，进一步计算得出 ts 评分。返回的结果是一个元组，其中，第一个元素是评分，另一个是分组方式，在上面的示例中未做分组，因此用占位符"_"来接收。类似地，上一节的相关系数示例可用如下一行代码实现：

```
In[14]    corr,_ = mps.score_df(df_tmmsss_all,mem.corr,
                          s = {"dtime":24,"member":"MODEL_B"})
          print(corr)
```

Out[14]：[0.32772574]

　　根据上一节表 8.2 可知基于 hfmc 是可以计算 bias 的，实际操作时只需将检验指标替换成 mem. bias 即可。另外，如果需要开展分类检验并绘图，只需调用 mps. score_df 函数时设置参数 g 即可，例如：

In[15]　▶
```
#按照不同模式、不同时效进行分类检验，并自动绘图
result = mps. score_df(df_hfmc_all, mem. bias, plot = "line",
        ncol = 4, height = 3, g = ["grade", "member", "dtime"])
```

Out[15]：

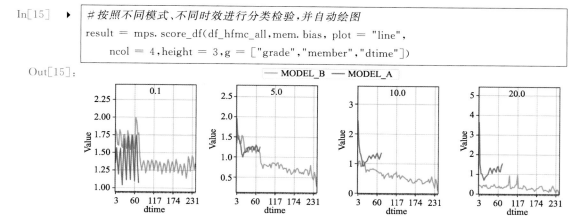

　　示例中 g = ["grade", "member", "dtime"] 表示将选取的中间数据集按照等级、预报名称和时效进行分类统计。如果参数 g 包含 3 个分类标签，则在绘图时它们依次对应子图、legend 和 x 坐标。如果 g 包含 2 个标签，则它们分别对应 legend 和 x 坐标，例如：

In[16]　▶
```
#按照不同模式、不同时效进行分类检验，并自动绘图
result = mps. score_df(df_tmmsss_all, mem. corr, g = ["member", "dtime"],
                plot = "line")
```

Out[16]：

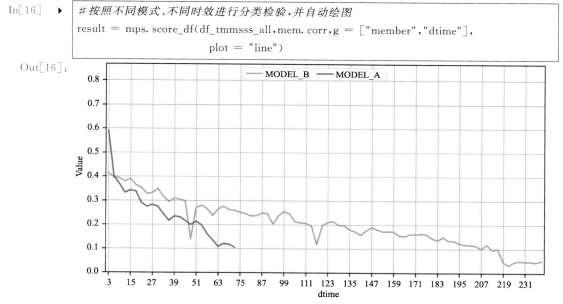

　　上面的两个示例都是按照中间数据的标记列的取值进行分组的。此外，在时间维度上，既可以直接按照起报时间（time）的取值进行分组，也可以按照预报对应的观测时间（ob_time）进行分组，还可以按照时间的部分属性进行分组，例如，按照月份分组检验：

In[17]　▶
```
#按照不同月份、不同模式、不同时效进行分类检验，并自动绘图
result = mps. score_df(df_tmmsss_all, mem. nse, plot = "line",
            ncol = 4, height = 3, g = ["month", "member", "dtime"])
```

Out[17]:

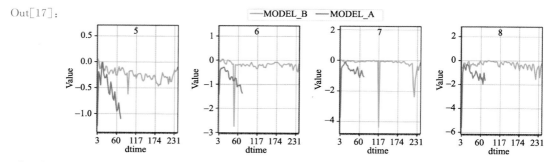

如果还需要运用自定义的方式分组，可以使用 gll_dict 参数来设定某个分类维度按照自定义的组合方式进行分组，示例如下：

In[18] ▶
```
# 按照不同月份，不同模式、不同时效进行分类检验，并自动绘图
result = mps. score_df(df_tmmsss_all,mem. corr,
                g = ["month","member","dtime"],
                gll_dict = {"month":[[5,6],[7,8]]},
                plot = "line",ncol = 2,height = 3)
```

Out[18]:

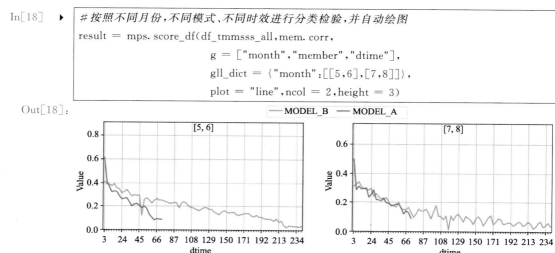

上面的示例中，gll_dict = {"month":[[5,6],[7,8]]} 表示将数据样本分为 5 月、6 月和 7 月、8 月两组来统计。

上面示例中的中间量统计和分类检验都是将水平上的不同格点不加区分地统计，但科研和业务中，有时需要关注检验指标的空间分布。然而，由于水平网格点数通常非常多，要实现对任意时段任意水平范围的检验需要的计算和存储资源非常大。为此，MetEva 中提出了一种折中的方案，将水平网格划分成多块小矩形（中间区域是正方形，边缘是长方形），对每块小矩形内的样本不作区分地统计，得到一组中间量，并保留矩形区的位置用于后续的检验分析。这个方案配套的 mps. get_grid_marker 用于获取网格划分的方式，在 mps. middle_df_grd 中可以将划分方式作为参数，生成带有水平位置信息的中间量。它们的具体使用方式如下面的示例：

In[19] ▶
```
df_hfmc_list=[]   # 用来存储中间结果的列表
marker = mps. get_grid_marker(grid0,step = 1)
time_fo = times
while time_fo <= timee：
    for dh in range(3,241,3)：# 将所有时效的中间量一并计算
        time_ob = time_fo + datetime. timedelta(hours = dh)
```

```
                path_ob = meb. get_path(dir_ANA,time_ob)
                path_fo = meb. get_path(dir_MODEL_B,time_fo,dh)
                if os. path. exists(path_ob) and os. path. exists(path_fo):
                    grd_ob = meb. read_griddata_from_nc(path_ob,grid = grid0)
                    grd_fo = meb. read_griddata_from_nc(path_fo,
                                            data_name = "MODEL_B",grid = grid0)
                    # 获取单个时刻的中间结果
                    df = mps. middle_df_grd(grd_ob,grd_fo,mem. hfmc,
                                            marker=marker,grade_list = grade_list)
                    df_hfmc_list. append(df) #将单个时刻结果加入列表
                time_fo += datetime. timedelta(hours = 12)
        df_hfmc_all_xy = pd. concat(df_hfmc_list,axis = 0)
        df_hfmc_all_xy. to_hdf(r"D:\book\test_data\df_hfmc_all_xy. h5","df")
```

在上面的示例中,mps. get_grid_marker 的第一个参数是水平网格信息类变量,根据第
8.1 节中的代码内容可知,网格间距是 0.1°,第二个参数 step 是经向和纬向划分的步长,也就
是划分出的小正方形的边长,单位是°,step = 1 表示将 1°×1° 的一片网格范围的数据作为一
个整体,生成一组中间量。考虑到应用和理解的便利性,step 接受的参数只能是 1 的倍数或
0.1 的倍数。中间量收集的程序主体仍是一个包括时间和时效循环的结构,最终得到的中间
量内容如下:

In[20]　▶ 　
```
df_hfmc_all_xy = pd. read_hdf(r"D:\book\test_data\df_hfmc_all_xy. h5")
df_hfmc_all_xy
```

Out[20]:

	level	time	dtime	member	id	grade	H	F	M	C
0	0.0	2022-05-01 08:00:00	3	MODEL_B	26112	0.1	100.0	0.0	0.0	0.0
1	0.0	2022-05-01 08:00:00	3	MODEL_B	26112	5.0	0.0	0.0	13.0	87.0
...	...		...	...	...	...	...	...	...	...
3	0.0	2022-08-31 20:00:00	72	MODEL_B	26111	20.0	0.0	0.0	0.0	100.0

5925920 rows × 10 columns

上面的结果中多出一列 id 是用来存储矩形位置信息的,它的取值是整数。当 step 取值是
1 的倍数时,id 的取值中后 3 位代表小方块中心点的经度,更高位的数字代表纬度,否则当
step 取值是 0.1 的倍数时,id 取值的后四位代表经度,更高位的数字代表纬度。例如,id =
26112 代表(112°E,26°N)。

基于带有 id 列的中间数据,仍然可以使用 mps. score_df 开展不区分水平位置的统计检
验,例如:

In[21]　▶ 　
```
result = mps. score_df(df_hfmc_all_xy,mem. bias,g = "grade",plot= "bar")
```

Out[21]:

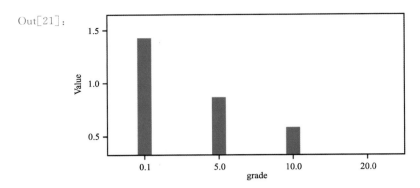

如果需要开展区分水平位置的统计检验,则需要使用 mpd. score_xy_df 函数,该函数默认会根据 id 列分类检验,分组时不需要在 g 参数中添加 id。例如,下面的代码可以统计不同等级的 bias 评分的空间分布:

In[22] ▶
```
result = mps. score_xy_df(df_hfmc_all_xy,mem. bias,g = "grade",ncol = 2)
```

Out[22]:

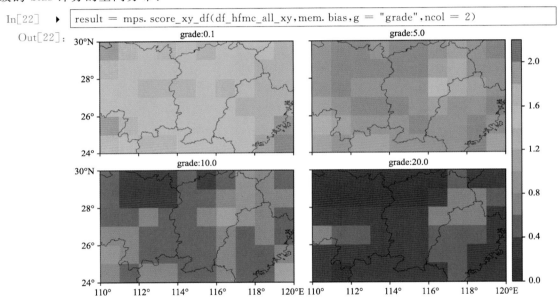

也可以使用 s 参数选取部分数据或等级,按照时间的部分属性进行分类检验。例如,下面的示例实现了对 0～24 h 时效内样本的 0.1 mm 等级按月分类检验:

In[23] ▶
```
result = mps. score_xy_df(df_hfmc_all_xy,mem. bias,g = "month",
                s = {"dtime_range":[0,24],"grade":0.1},ncol = 2)
```

Out[23]:

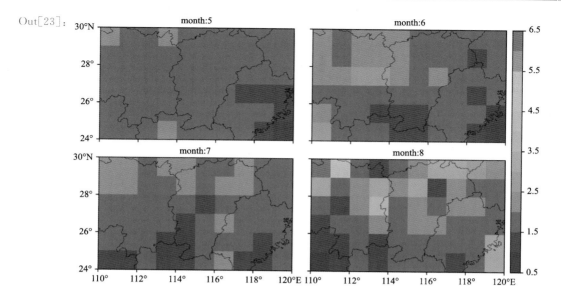

第4篇 精通篇

第 9 章　常规检验方法的综合应用

通过前面篇章的学习,读者已经了解了 MetEva 的原理,熟悉了 MetEva 的各种功能的用法,接下来的问题是如何发挥这些功能在研发和业务应用中的价值。检验评估的重要目的是发现预报或分析产品中存在的问题,为产品改进提供线索。由于气象分析和预报数据是高维度的大数据,其中某些问题或错误仅仅出现在某些局部的时间或空间范围,仅仅通过笼统的评分很难发觉,也很难通过几张固定的检验图表就把它们揭示出来。有价值的检验分析通常是一个逐步探索的过程,分析者需要不断根据已有的检验结果确定采取什么视角开展下一步的检验,直至在分析或预报产品中发现规律性的偏差或明显的错误。有别于常见的固定内容的检验,可以将以这种方式开展的检验称为探索式检验。

本章的主要内容是展示四个综合利用各类检验评估方法开展探索式检验的实例。这些实例既包括对降水预报和风场预报的检验,又包括对降水和温度网格实况分析场的检验。这些示例中用到的具体检验方法或许不能照搬到实际工作中,但其中的检验分析思路可为读者提供一些启发。

9.1　降水实况分析场检验

对地面气象要素精准且精细的监测对防灾减灾具有重要意义。监测手段包括直接观测和遥感监测两大类。直接观测是指通过在地面观测站布设的观测仪器直接和大气接触进行测量,其优点是测量精度高,其缺点是覆盖范围和空间分辨率不足。遥感监测主要包括天气雷达和气象卫星的观测,它们的优点是覆盖范围更广,但准确度更低。随着气象、水文和环境等业务科研对精细化的地面气象要素实况的需求日益提高,传统的站点直接观测的数据已经不能满足需求,解决该问题的最有效的手段是构建多源融合的网格实况数据。

目前网格实况的构建技术非常丰富,相关业务化产品已在防灾减灾的业务科研中发挥了重要的作用。虽然,网格实况值不是真实值,但它是对网格点上气象要素的最佳估计,特别是对海洋、山区和高原等站点稀疏的地区。随着网格实况产品的逐渐成熟,未来它还将被用作检验网格预报的"真值"。

网格实况产品的应用越深入,对它的检验评估就越重要。当网格实况出现重大偏差时,盲目的相信可能导致严重的决策错误。如果要以网格实况作为"真值"检验预报,首先要清楚地了解网格实况是否足够可靠,否则可能给更差的预报作出更优的评价,彻底误导预报技术的演进。

地面站点观测作为准确度最高的数据,是网格实况产品制作时不可或缺的输入源。对网格实况进行检验时,最直接且可信的方式是将其插值到地面站点的位置,再以地面观测作为

"真值"进行对比检验。此时,存在检验对象和"真值"不独立的问题。可以通过一个极端的思想实验来说明独立性对检验的影响。目前我国自动气象站之间的距离通常为 3～5 km,假设网格实况产品的分辨率达到了 1 m 或更小,则不管用什么插值手段,站点最近的 4 个格点上的实况分析值几乎和站点观测值相同。此时,检验得出网格实况相比于站点观测的误差总是接近 0,但这并不代表网格实况的准确度很高。当用作真值的站点观测完全没有参与网格实况的制作过程,称之为独立检验,否则称之为非独立检验。

实际上大部分用户能够获得的业务化网格实况产品中已经融合了所有可用地面气象站的观测资料,因此只能开展非独立检验。上面提到了非独立检验存在问题,但并不意味着非独立检验毫无价值。非独立检验的结果可以看作是实际精度的近似上限,即当邻近站点的格点相对于地面"真值"的误差幅度达到某个值时,其他离站点更远的格点上误差幅度只会更大。之所以是近似上限而不是绝对的上限,是因为地面站点观测实际上也不是最终的真值,同时,将网格点反插到站点的过程也会损失一些精度。但无论如何,当排除地面仪器故障的情况下,如果网格实况和地面观测之间的误差远远超过仪器误差,一定是因为网格实况产品存在某种质量问题。

9.1.1 数据整理

以下以一种 5 km 分辨率的三源融合定量降水估测产品为例开展检验分析。期望通过检验分析快速发现该产品中存在的质量问题,以帮助用户更好地使用该产品,用户也可以将问题反馈给该产品的研发者,为它的迭代升级提供有价值的信息。本章的例子中,具体检验的对象是 2021 年 5—8 月每日 08—08 时和 20—20 时的 24 h 累计降水量,采用最为可靠的地面 2411 个国家站 24 h 累积降水观测作为真值。

检验程序编写的第一步是导入各类依赖包:

In[1] ▶
```
import meteva. base as meb
import meteva. method as mem
import meteva. product as mpd
import datetime
import pandas as pd
```

接下来,编写网格降水实况检验数据收集和整理程序,在准备的数据集中,网格实况产品以 NetCDF 格式存储,而地面观测以 MICAPS 第 3 类数据格式存储。通常网格降水到站点的插值方案选择的是邻近点插值,它的好处是不会削弱极端降水的强度。In[2] 所示的代码包含观测数据收集、网格实况数据收集和数据合并等主要部分,最后整理好的数据是 pandas. DataFrame。

In[2] ▶
```
#设置关注的起始时段
time_start = datetime. datetime(2021,5,1,8,0)
time_end = datetime. datetime(2021,9,1,8,0)
station = meb. read_stadata_from_micaps3(meb. station_国家站)
station. iloc[:,−1] = meb. IV
##读取收集观测数据
dir_ob = r"D:\book\test_data\input\OBS_with_noise\rain24\YYYYMMDDHH.000"
```

```
sta_list = []
time0 = time_start
while time0 < time_end:
    path = meb. get_path(dir_ob,time0)
    sta = meb. read_stadata_from_micaps3(path,station = station,
                                              time = time0,data_name = "OBS")
    sta_list. append(sta)
    time0 += datetime. timedelta(hours = 12)
ob_sta_all = pd. concat(sta_list,axis = 0)    #数据拼接
#读取收集网格分析场数据
dir _ cldas  =   r"D: \ book \ test _ data \ input \ ANA \ rain24 \ YYYYMMDD \
YYMMDDHH. 000. nc"
sta_list =[]
time0 = time_start
while time0 < time_end:
    path = meb. get_path(dir_cldas,time0)
    grd = meb. read_griddata_from_nc(path,time = time0,data_name="ANA")
    if grd is not None:
        sta = meb. interp_gs_nearest(grd,station)
        sta_list. append(sta)
    time0 += datetime. timedelta(hours = 12)
cldas_sta_all = pd. concat(sta_list,axis = 0)    #数据拼接
sta_all = meb. combine_on_obTime_id(ob_sta_all,[cldas_sta_all])#第二个参数是列表
sta_all = meb. sele_by_para(sta_all,value = [0,1000])    #删除包含缺省值的样本
sta_all. to_hdf(r"D:\book\test_data\sta_all_rain_obana. h5","df")
```

9.1.2　检验分析

上面的整理程序已经将数据集输出至文件中临时保存,这样开展检验分析前只需加载该临时文件即可:

In[3]　▶
```
sta_all = pd. read_hdf(r"D:\book\test_data\sta_all_rain_obana. h5")
```

加载检验数据之后笼统地计算了网格实况的均方根误差(RMSE),结果显示检验时段内RMSE 约为 4.5 mm。

In[4]　▶
```
mpd. score(sta_all,mem. rmse)
```
Out[4]: (array([[4.51019985]]), None)

通常而言,降水的时空变化非常剧烈,相应格点实况的误差变化也比较大,因此,仅仅根据4.5 mm 的误差值很难判断网格实况是好还是坏,也难以从中发现可能存在的问题。为细化分析,可对网格实况按时间进行分类统计。

In[5]　▶
```
result = mpd. score(sta_all,mem. rmse,g="time",plot = "line",
             ylabel = "均方根误差(mm)",sup_fontsize = 20)
```

Out[5]:

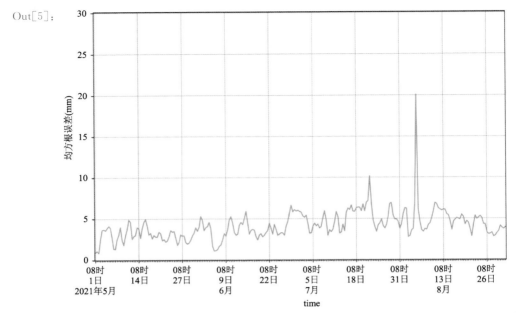

上面是按时间分类统计的代码以及绘图结果，从中很容易看出，不同时间的 RMSE 在 2～6 mm 范围内波动，但有个别时刻（8 月 5 日 08 时）误差达到了 18 mm，它提示出该时刻网格实况可能存在比较严重的偏差。

为了分析 8 月 5 日 08 时 RMSE 偏差过大的原因，进一步选取该时刻的数据样本，按站点分类检验，并绘制误差空间分布图，对应的代码和运行结果如下所示。

In[6] ▶
```
result = mpd. score_id(sta_all,mem. rmse,s={"time":"2021080508"},
                       print_max = 1,clevs =[0,10,25,50,100,250])
```

Out[6]: 取值最大的 1 个站点：
id:56288   lon:103.92   lat:30.58 value:262.2

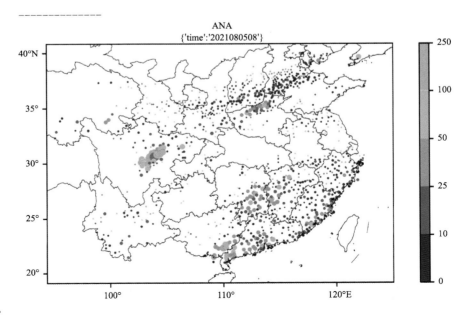

　　从上图可以看出,误差最大的区域是四川盆地西部,误差最大超过 260 mm。由于 Out[6]显示的较大范围的误差分布,对四川盆地西部的显示不够精细,进一步选取 102°—105°E 和 29°—32°N 范围内的样本进行检验。同时为了解出现大偏差时地面观测的降水和网格实况值分别为多大,下面统计并绘制了观测和网格实况的空间分布。

In[7] ▶
```
sta_1d = meb. sele_by_dict(sta_all,s={"time":"2021080508",
                                       "lon":[102,105],"lat":[29,32]})
result = mpd. score_id(sta_1d,mem. ob_fo_mean,
                        subplot = "member",ncol = 2,width = 8)
```

Out[7]:

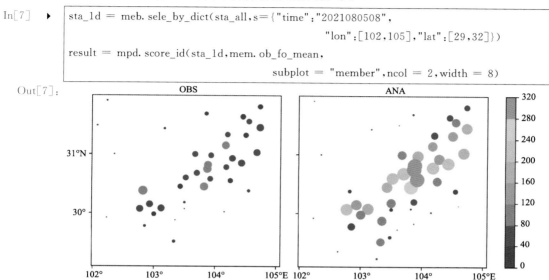

　　运行结果显示,地面降水观测中,该区域的降水量多为中到大雨级别,但网格实况则多为特大暴雨级别。显然,该误差幅度远远超过了仪器观测误差的范围。

　　Out[6]中还同时显示了误差最大点的站号,据此可以选取该单站做时间序列的分析。下面分析该站点上观测和网格实况的时间序列对比。

In[8] ▶
```
result = mpd. score(sta_all,mem. ob_fo_mean, s={"id":56288,"month":[7,8]}, g = "time",
                    plot = "line",sup_fontsize = 16)
```

Out[8]:

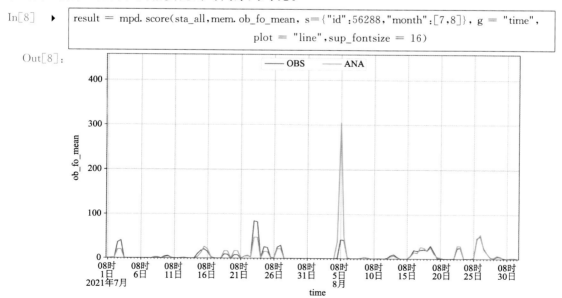

　　运行结果显示网格实况在 7—8 月的几次强降水过程中均小于观测,仅有一次明显高于实况,可见该区域的网格实况的误差并非系统性的偏大,而是特殊情况下才会出现的问题,需及

时排查。

9.2 温度实况分析场检验

对温度实况产品开展检验评估也非常有必要，首先通过检验分析可以帮助该产品的用户了解其准确率情况。更重要的是，发掘该产品中存在的质量问题，可为它的迭代升级提供有价值的信息。通常不知道预报（或实况）产品的质量问题会出现在什么时间地点，因此，事先无法设计好检验的步骤，需要走一步看一步，基于上一步检验结果中发现的问题，确定下一步细化检验的方式。本节就以一种 5 km 分辨率温度实况产品开展检验分析，并以此展示逐步细化的检验思路。

检验程序编写的第一步是导入各类依赖包：

```
In[1] ▶    import meteva. base as meb
           import meteva. method as mem
           import meteva. product as mpd
           import datetime
           import pandas as pd
```

9.2.1 数据整理

具体检验对象是 2021 年 5—8 月逐小时整点温度，采用地面 2411 个国家站的温度观测作为真值。以下是数据收集部分的代码，它和上一节的降水网格实况检验的数据收集程序基本相同，只是数据路径和插值方法稍有调整。

```
In[2] ▶    #设置关注的起始时段
           time_start = datetime. datetime(2021,5,1,8,0)
           time_end = datetime. datetime(2021,9,1,0,0)
           station = meb. read_stadata_from_micaps3(meb. station_国家站)
           station. iloc[:,-1] = meb. IV
           ##读取收集观测数据
           dir_ob = r"D:\book\test_data\input\OBS_with_noise\t2m\YYYYMMDDHH. 000"
           sta_list = []
           time0 = time_start
           while time0 < time_end:
               path = meb. get_path(dir_ob,time0)
               sta = meb. read_stadata_from_micaps3(path,station = station,
                                 time = time0,dtime = 0,level = 0,data_name = "OBS")
               sta_list. append(sta)
               time0 += datetime. timedelta(hours = 1)
           ob_sta_all = pd. concat(sta_list,axis = 0)    #数据拼接
           #读取收集网格实况数据
           dir_cldas = r"D:\book\test_data\input\ANA\t2m\YYYYMMDD\YYMMDDHH. TTT. nc"
           sta_list =[]
```

```
time0 = time_start
while time0 < time_end：
    path = meb. get_path(dir_cldas,time0)
    grd = meb. read_griddata_from_nc(path,time = time0,
                           dtime = 0,level = 0,data_name="ANA")
    if grd is not None：
        sta = meb. interp_gs_linear(grd,station)
        sta_list. append(sta);
    time0 += datetime. timedelta(hours = 1)
cldas_sta_all = pd. concat(sta_list,axis = 0)    #数据拼接
sta_all=meb. combine_on_obTime_id(ob_sta_all,[cldas_sta_all]) #第二个参数是列表
sta_all = meb. sele_by_para(sta_all,value = [0,1000])    #删除包含缺省值的样本
sta_all. to_hdf(r"D:\book\test_data\sta_all_temp_obana. h5","df")
```

　　基于站点观测对网格温度进行检验时,有时站点在山顶,周围格点在山脚,或者站点在山谷,周围网格在山腰或山顶,此时采用双线性插值将网格温度插值到站点,会存在一个系统性的偏差,在温度检验时理应采用地形订正方法扣除该偏差。

　　MetEva 提供了一套地形分辨率为 $0.0083°$ 的高度数据,基于它可获得站点和格点位置的海拔。地形订正的基本思路是将站点附近的 4 个格点订正到和站点同一个高度的位置,再将调整后格点的温度水平插值到站点。格点被订正到站点高度时,格点温度调整量为格点与站点高度差×温度垂直递减率,温度订正量则等于 4 个格点的温度调整量插值到站点的结果。实际大气中的垂直递减率随时随地会变化,太过复杂,MetEva 中温度垂直递减率暂时只设定为常数 6 ℃/km。当温度垂直递减率为常数时,温度订正量也就等于 4 个格点与站点高度差插值到站点的值×温度垂直递减率。根据该原理,要计算订正后的温度,需要输入的数据包括订正前的温度、站点位置和格点位置。

　　mpd. terrain_height_correct 是实现地形订正的具体功能函数,它的用法如下：

In[3] ▸
```
sta_all = pd. read_hdf(r"D:\book\test_data\sta_all_temp_obana. h5")
path1 = r"D:\book\test_data\input\ANA\t2m\20210701\21070100. 000. nc"
grd = meb. read_griddata_from_nc(path1)
grid_ana =   meb. get_grid_of_data(grd)
sta_all = mpd. terrain_height_correct(sta_all,
        grid = grid_ana, member_list = ["ANA"]) #温度地形高度订正
```

　　它的第一个参数 sta_all 中包含观测数据和订正前分析(或预报)数据,另外,还包含站点的经纬度坐标。第二个参数 grid 是从插值前的网格数据中提取的网格信息,根据它可以确定每个格点的经纬度。由于 sta_all 中可能包含多列分析(或预报)数据,每列数据在插值前的网格可能是不一样的,grid 参数可能仅仅对其中某一列或某几列适用,为此需要使用参数 member_list 指定地形订正操作是对哪一列数据进行。在上面例子中,member_list = ["ANA"] 表示只对 sta_all 中的 ANA 列作地形订正。

9.2.2　检验分析

　　在准备好数据后,首先通过笼统的检验了解 ANA 温度产品的总体性能。

In[4] ▶
```
mpd. score(sta_all,mem. rmse)
```

Out[4]：（array（[[1.38291153]]），None）

结果表明，温度分析场的均方根误差约为 1.4 ℃。进一步地，需要明确它的误差幅度是稳定持续的，还是存在明显波动。为此，可以开展按日期分类的检验。

In[5] ▶
```
result = mpd. score(sta_all,mem. rmse,g="day",plot = "line",
            ylabel = "均方根误差(℃)",height = 3)
```

Out[5]：

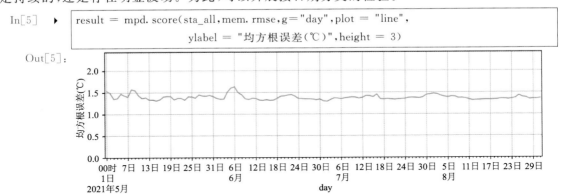

逐日检验结果表明误差幅度总体是稳定的，其中个别时段有大幅上升的情况。为了更细致地分析，可以对每个月开展按时间分类（即逐小时）的检验，方法如下：

In[6] ▶
```
for m in range(5,9):
    result = mpd. score(sta_all,mem. rmse,g="time",s = {"month":m},
            plot = "line",ylabel = "均方根误差(℃)",height = 3)
```

Out[6]：

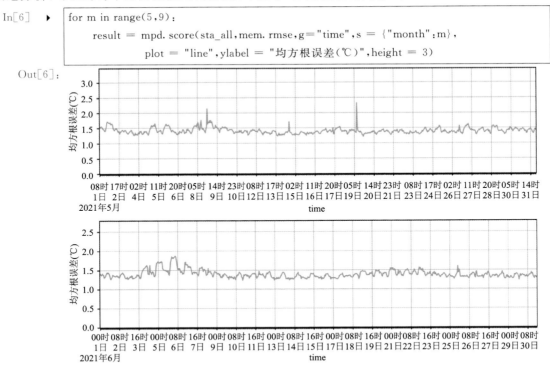

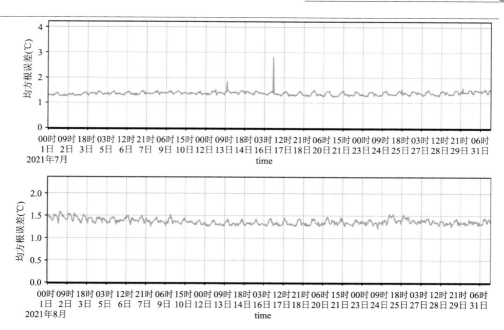

逐小时的检验结果表明 5 月、6 月和 7 月都存在个别时刻误差突然跃升的情况,但横坐标太密并不好确定具体是哪个小时。为了锁定误差跃升的具体时刻,可以选取其中一日展开分析,例如:

```
In[7]    ▶    result = mpd. score(sta_all,mem. rmse,g="time",s={"day":"20210519"},
                        plot = "line",ylabel = "均方根误差(℃)",height = 3)
```

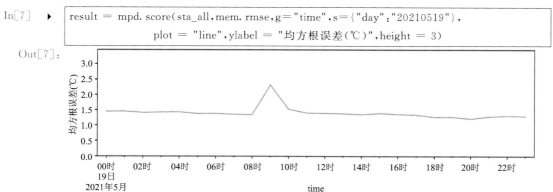

Out[7]:

结果显示在 5 月 19 日的误差曲线中,09 时误差明显高于相邻时刻。接下来的问题是,这次异常的大幅误差是全国性的,还是区域性的? 为回答这个问题,可以绘制该时刻误差分布图,方法如下:

```
In[8]    ▶    result = mpd. score_id(sta_all,mem. rmse,s={"time":"2021051909"})
```

Out[8]:

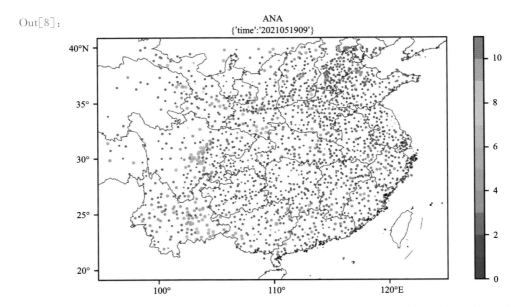

结果表明，并非全国范围都出现了较大偏差，而是在云南和川西高原等地出现了大幅偏差。针对上图展示的结果还存在一个疑问，云南等地的大幅偏差有没有可能是因为站点观测数据异常导致？可以通过绘制该地区观测值和分析值日变化曲线来回答该问题，方法如下：

In[9] ▶
```
result = mpd.score(sta_all,mem.ob_fo_mean,
                   s={"day":"20210519","province_name":"云南"},
                   g="time",plot = "line",ylabel = "平均温度(℃)",height = 3)
```

Out[9]:

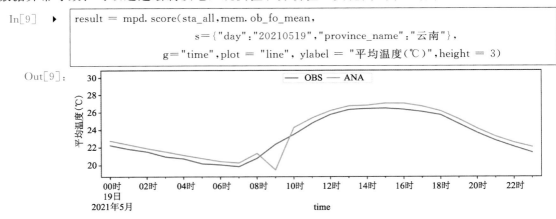

结果表明，云南地区站点观测的温度变化曲线是平稳演变的，但分析场的温度变化曲线在09 时突然大幅下降再上升，显然它是异常的。

从上面的温度变化曲线可发现一个数据异常时刻，还显示出 ANA 所有时刻温度值都是高于观测的，这是否说明 ANA 存在系统性偏差？为此，先用平均误差指标对 ANA 数据作笼统检验：

In[10] ▶
```
mpd.score(sta_all,mem.me)
```
Out[10]: (array([[0.24098008]]), None)

检验结果表明，分析场存在约 0.3 ℃的正偏差。进一步地，需要明确它是否持续存在。对此，可以开展按日期分类的检验。

In[11] ▶
```
result = mpd. score(sta_all,mem. me,g="day", plot = "line",
                                   ylabel = "平均误差",height = 3)
```

Out[11]:

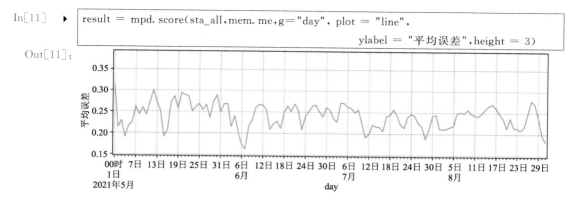

检验结果表明,每日的偏差都是正的,并在 $0.25 \sim 0.35$ 范围内波动,波动幅度明显小于 0.3,表明偏差是持续存在的系统性偏差。那该偏差是全国性的还是区域性的呢? 为此,可以按站点分类统计,并绘制偏差的空间分布图。

In[12] ▶
```
result = mpd. score_id(sta_all,mem. me)
```

Out[12]:

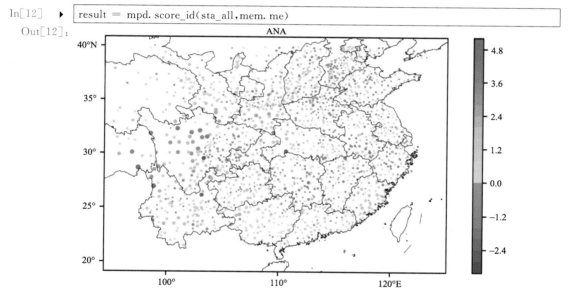

平均误差的空间分布图显示,青藏高原、云南、秦岭和南岭等区域以正偏差为主,其他区域则是正负参半,说明温度分析偏差和复杂地形有密切关系。

至此,通过上面逐步深入的检验分析,揭示了温度网格实况产品个别时刻存在的异常和中西部复杂地形区域偏高的问题。这对用户和研发者已经可以起到一些提示作用。进一步分析这些问题的成因,可能需要产品研发者结合其制作的程序和输入数据进行排查。

9.3　降水预报检验评估

降水天气是影响公众日常出行或户外活动最重要的气象因素,强降水更是气象致灾的最重要原因。由于降水是一个不连续变化的物理量,受不同尺度天气系统相互作用的影响,还受天气系统和地形相互作用的影响,其中许多机制机理至今尚未被人们认识清楚。因此,降水预报是气象部门最重要也是最难的业务预报之一。

为了改进降水预报，人们需要充分了解预报误差发生规律和机制，但这也是一项艰巨的任务。在数值模式中，降水是模式动力、热力及多种物理过程方案综合相互作用的结果。检验发现，相比于位势高度和温度场的预报，模式降水预报的准确率更低。在日常业务中，人们期望通过掌握模式降水预报偏差的规律，进一步订正预报。但降水本身发生机理的复杂性和数值模式中降水预报机制的复杂性交织在一起，使得掌握其预报偏差规律是一件困难的事。基于传统的统计方法和新型的机器学习方法对数值模式结果进行偏差订正是提升预报准确率的重要手段，并在气象预报业务部门得到了广泛的应用。然而，经过客观算法订正后的预报仍然是有偏差的，对预报员来说，找到并理解它们的偏差规律可能比理解模式本身的偏差规律更困难。

在实际业务中，预报误差主要包含三种情况，第一种是业务故障或逻辑问题导致的错误性误差，第二种是系统性和规律性偏差，第三种是随机误差。随机误差是无法避免的，它不是预报检验的重点。错误性误差虽不常出现，但一旦出现影响会非常大，是预报业务中首先要避免的。目前，业务发布的预报产品种类和更新频次日渐增多，有些预报在发布前没有经过人工校验，导致更大的预报出错风险，因此，通过检验快速发现预报中存在的错误非常必要。对系统性和规律性预报偏差的检验是预报员和研发者最关心的内容，但预报偏差的规律并非总是显而易见，需要检验者设法挖掘，检验发现的偏差规律也未必具有普适性，需要更大范围的数据来验证。

本节将展示针对一段时间的降水预报检验，利用 MetEva 中的常规检验方法和空间检验方法发现错误性误差以及挖掘并验证规律性偏差的过程，期望为读者形成自己的检验思路提供启发。

9.3.1　数据整理

本章示例数据的检验对象是 MODEL_A 和 MODEL_B 两个模式（或者客观算法）的逐 3 h 降水预报，以及由逐 3 h 降水累加得到的 24 h 降水预报。预报数据的时段范围是 2022 年 5 月 1 日 08 时—8 月 31 日 20 时，每日预报的时间包括 08 时和 20 时。预报数据的网格范围为 110°—120°E，24°—30°N，网格间距为 0.25°。MODEL_A 的时效范围是 0～72 h，MODEL_B 的时效范围是 0～240 h。对应的观测数据是 2022 年 5 月 1 日 08 时—9 月 10 日 20 时的逐 1 h 地面站点降水观测。

参考第 4.1 节图 4.1 中的检验数据收集代码，经修改后得到本节的数据收集代码。在本节的示例数据中，观测数据文件是逐 1 h 的；MODEL_A 存储的是累计降水量，例如，时效为 72 h 的数据文件对应的是 0～72 h 时效的累计降水量；MODEL_B 存储的是逐 3 h 降水量，例如，时效为 72 h 的数据文件对应的是 69～72 h 时效内的降水量。由于文件中的数据内容和检验对象并不完全对应，本节的数据收集代码新增了以下几点内容：

（1）第 27 行和第 29 行通过时间维度求和，将逐小时降水观测累加成逐 3 h 以及逐 24 h 降水观测。

（2）第 46 行和第 48 行通过时效维度求变化量，将累计降水量预报转换为逐 3 h 和逐 24 h 降水预报。

（3）第 67 行通过时效维度求和，根据逐 3 h 降水预报生成逐 24 h 降水预报。

　　另外,考虑到观测数据中可能包含一些异常值或者与 MetEva 默认缺省值不同的缺省值,代码中增加了小时降水取值过滤,具体如下:

　　(4)第 25 行通过选取函数保留小时降水取值范围在 0~300 的数据,起到过滤作用。

　　制作业务发布的主(客)观预报产品时能够参考到的模式预报通常是 6 h 或 12 h 前起报的结果。为了评价主(客)观预报的改进效果,经常需要将模式预报时间时效进行平移,例如,将模式 1 日 08 时 36 h 预报重新记为 1 日 20 时 24 h,它和网格预报的 1 日 20 时 24 h 的预报在时空坐标上进行匹配。在本节中,假设网格预报 MODEL_A 是参考 12 h 前的模式 MODEL_B 制作的。

　　(5)第 65 行通过转换函数将 MODEL_B 的数据时间列统一增加 12 h,数据时效列统一减少 12 h。

　　MetEva 中的站点数据是基于 pandas 的 DataFrame 的,因此,经过数据匹配合并后的观测和预报数据同样也是一张规整的表格。当要合并的多种预报时空坐标不完全一致时,MetEva 提供了取交集和取并集两种匹配合并策略。取交集时,所有预报的时空坐标完全对应数据样本才会保留,取并集时当某些预报的某些坐标在其他预报找不到对应时也会被保留,其他预报对应坐标上会以缺省值 999999 填充。本节中,MODEL_B 的 72 h 时效之后的预报没有对应的 MODEL_A 预报与之匹配,但在之后的检验分析步骤中仍然能参与检验。

　　(6)第 70 行和第 75 行调用匹配合并函数时设置 how_fo="outer",即采用取并集的策略。

```
1   import meteva. base as meb
2   import meteva. method as mem
3   import meteva. product as mpd
4   import datetime
5   import pandas as pd
6   import numpy as np
7   #设置关注的起始时段和站点表
8   time_start = datetime. datetime(2022,5,1,8,0)
9   time_end_ob = datetime. datetime(2022,9,10,0,0)
10  time_end_fo = datetime. datetime(2022,8,31,20,0)
11  station = meb. read_stadata_from_micaps3(meb. station_国家站)
12  station. iloc[:,-1] = meb. IV
13
14  ##读取收集观测数据
15  dir1 = r"D:\book\test_data\input\OBS_with_noise\rain01\YYYYMMDDHH. 000"
16  sta_list = []
17  time0 = time_start
18  while time0 < time_end_ob:
19      path = meb. get_path(dir1,time0)
20      sta = meb. read_stadata_from_micaps3(path,station = station,time = time0,
21                                  dtime = 0,data_name = "OBS",show = True)
22      sta_list. append(sta)
23      time0 += datetime. timedelta(hours = 1)
24  ob_rain01 = meb. concat(sta_list)
```

```
25   ob_rain01 = meb. sele_by_para(ob_rain01,value=[0,300])    #保留取值合理的样本
26   #由逐小时降水计算逐 3 h 降水
27   ob_rain03 = meb. sum_of_sta(ob_rain01,used_coords=["time"],span = 3)
28   #由逐小时降水计算逐 24 h 降水
29   ob_rain24 = meb. sum_of_sta(ob_rain01,used_coords=["time"],span = 24)
30
31   #读取收集 MODEL_A 预报数据
32   dir1 = r"D:\book\test_data\input\MODEL_A\ACPC\YYYYMMDD\YYMMDDHH. TTT. nc"
33   sta_list =[]
34   time0 = time_start
35   while time0 <= time_end_fo：
36       for dh in range(0,73,3)：
37           path = meb. get_path(dir1,time0,dh)
38           grd = meb. read_griddata_from_nc(path,time = time0,dtime = dh,
39                                                 data_name = "MODEL_A",show = True)
40           if grd is not None：
41               sta = meb. interp_gs_nearest(grd,station)
42               sta_list. append(sta)
43       time0 += datetime. timedelta(hours = 12)
44   MODEL_A_ACPC = meb. concat(sta_list)
45   # 根据累计量计算 3 h 降水
46   MODEL_A_rain03 = meb. change(MODEL_A_ACPC,used_coords=["dtime"],delta=3)
47   # 根据累计量计算 24 h 降水
48   MODEL_A_rain24 = meb. change(MODEL_A_ACPC,used_coords=["dtime"],delta=24)
49
50   #读取收集 MODEL_B 预报数据
51   dir1 = r"D:\book\test_data\input\MODEL_B\rain03\YYYYMMDD\YYMMDDHH. TTT. nc"
52   sta_list =[]
53   time0 = time_start
54   while time0 <= time_end_fo：
55       for dh in range(0,241,3)：
56           path = meb. get_path(dir1,time0,dh)
57           grd = meb. read_griddata_from_nc(path,time = time0,dtime = dh,
58                                                 data_name = "MODEL_B",show = True)
59           if grd is not None：
60               sta = meb. interp_gs_nearest(grd,station)
61               sta_list. append(sta)
62       time0 += datetime. timedelta(hours = 12)
63   MODEL_B_rain03 = meb. concat(sta_list)
64   #采用预报起报时间提前 12 h,时效多出 12 h 的样本和 MODEL_A 匹配
65   MODEL_B_rain03 = meb. move_fo_time(MODEL_B_rain03,12)
66   # 根据逐 3 h 降水预报计算逐 24 h 降水预报
67   MODEL_B_rain24 = meb. sum_of_sta(MODEL_B_rain03,used_coords=["dtime"],span=24)
```

```
68
69    # 逐 3 h 降水观测和预报匹配合并
70    rain03 = meb. combine_on_obTime_id(ob_rain03,[MODEL_A_rain03,MODEL_B_rain03],
71                                          how_fo="outer",need_match_ob=True)
72    # 将匹配结果输出到文件中暂存
73    rain03. to_hdf(r"D:\book\test_data\sta_all_rain03. h5","df")
74    # 逐 24 h 降水观测和预报匹配合并
75    rain24 = meb. combine_on_obTime_id(ob_rain24,[MODEL_A_rain24,MODEL_B_rain24],
76                                          how_fo="outer",need_match_ob=True)
77    # 将匹配结果输出到文件中暂存
78    rain24. to_hdf(r"D:\book\test_data\sta_all_rain24. h5","df")
```

9.3.2　检验分析

检验分析的第一步是读入上一节整理好的数据集。在数据收集时 24 h 降水量是通过滚动求和或求变化量得到的,因此,其中包含 0～24 h、3～27 h、6～30 h 等时效段降水,如果只需检验 0～24 h、24～48 h 等时效段的预报,则可以通过如下方式将所需时效的预报挑选出来。

In[2] ▶
```
rain03 = pd. read_hdf(r"D:\book\test_data\sta_all_rain03. h5")
rain24 = pd. read_hdf(r"D:\book\test_data\sta_all_rain24. h5")
rain24 = meb. sele_by_para(rain24,dtime = np. arange(24,241,24))
```

本节专门在批量的预报数据中引入一些内容错误的文件,在前面数据收集程序中没有对预报数据采取质量控制措施,因此,错误内容出现在最终数据集中。为了判断批量的数据集中是否包含错误的内容,可以通过分类统计每个起报时间的最大误差来判断和搜索错误,具体的函数调用方法如下:

In[3] ▶
```
result = mpd. score(rain03,mem. max_abs_error,g = "time",plot = "line")
```
Out[3]:

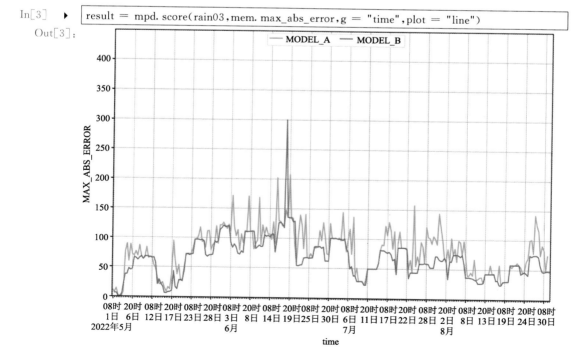

通过上面的分类检验结果可以看到，存在最大误差接近 300 的情况，超过了正常误差取值范围，进一步挑选其中一个起报时间预报，按时效分类检验，方法如下：

In[4] ▶
```
result = mpd. score(rain03, mem. max_abs_error,
            s = {"time":"2022061820"}, g = "dtime", plot = "line")
```

Out[4]:

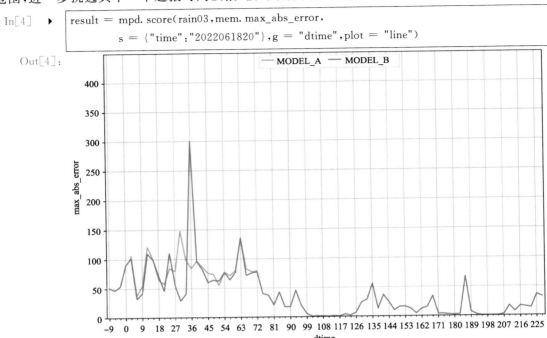

结果表明，6 月 18 日 20 时的预报中的第 36 h 时效预报数据存在错误。通过 mem. ob_fo_mean 也可以绘制单个时次的观测预报的对比图，方式如下：

In[5] ▶
```
result = mpd. score_id(rain03, mem. ob_fo_mean, s = {"time":"2022061820",
            "dtime":36, "member":["OBS", "MODEL_B"]},
            fix_size = True, cmap = "rain_3h", ncol =2)
```

Out[5]:

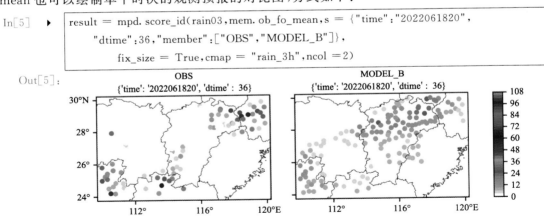

从上面的显示内容可以看出，在江西与福建交界的区域内预报值不正常。进一步可以将原始的网格场绘制出来，考虑到前面数据收集时对 MODEL_B 的数据平移了 12 h，因此，有问题的原始数据应该是 18 日 08 时的 48 h 时效预报：

In[6] ▶
```
path1 = r"D:\book\test_data\input\MODEL_B\rain03\20220618\22061808.048. nc"
grd = meb. read_griddata_from_nc(path1 ,data_name = "MODEL_B")
meb. pcolormesh_2d_grid(grd,cmap= "rain_24h")
```

Out[6]:

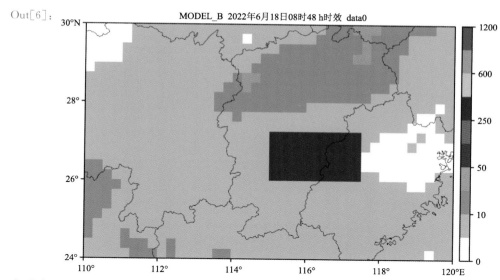

在明确了异常的数据后,可以在统计检验之前先将其剔除。剔除操作可以使用 meb. drop_by_para 函数来实现,考虑到 3 h 降水量的错误也会导致相应的 24 h 累计降水量的错误,因此需要一并剔除。

In[7]　▶
```
rain03 = meb. drop_by_para(rain03,time = "2022061820",dtime = 36)
rain24 = meb. drop_by_para(rain24,time = "2022061820",dtime = 48)
```

在排除了错误预报数据之后,接下来开始检验分析。首先可以使用 ts 评分对比两种预报的总体性能,方法如下:

In[8]　▶
```
result = mpd. score(rain24,mem. ts,grade_list = [10,25,50,100],
                    g = "dtime",plot = "bar",ncol = 2)
```

Out[8]:

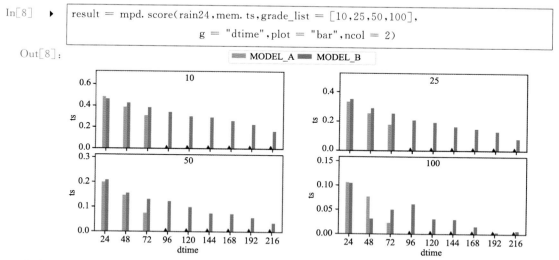

在本节的示例数据中,MODEL_A 只有前 72 h 时效的预报,因此,之后时效是没有检验结果的,相应的返回评分值是 999999,在 MetEva 中会自动以黑色三角号标记,以便同评分等于 0 的情况区分。上面的结果显示 MODEL_A 在 50 mm 级别 ts 评分低于 MODEL_B,可以进一步查看该等级 bias 评分是否合理,方法如下:

In[9] ▶
```
result = mpd. score(rain24,mem. bias,grade_list = [50],
                                    g = "dtime",plot = "bar")
```

Out[9]:

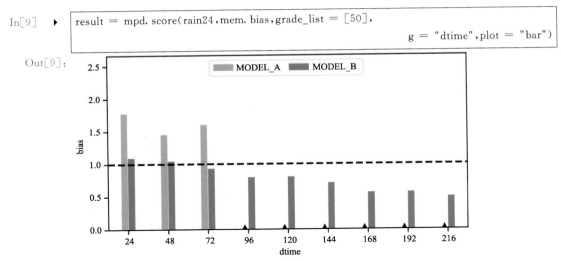

结果表明，MODEL_A 的 bias 显著高于 1，即它对 50 mm 以上的降水频次预报明显多于实况。bias 评分只能评价某个等级以上的频次情况，如果需要更细致的检验频次偏差情况，首先可以使用 frequency_histogram 来对比不同等级区间内观测和预报的频次，例如：

In[10] ▶
```
result = mpd. plot(rain24,mem. multi_category. frequency_histogram,
    grade_list =[0. 1,10,25,50,100],s = {"dtime":24},log_y = True)
```

Out[10]:

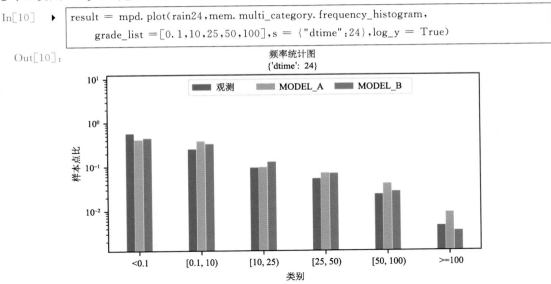

从上面的图可以看出，MODEL_A 在小雨、大雨和大雨以上等级的频次偏高，0.1 mm 以下的频次偏低。也可以使用 pdf_plot 函数来对比观测和预报的累计概率分布曲线，当选取参数 yscale="logit"时，能够把强降水区间的频率差异放大显示，便于对强降水频次的预报作细致的检验，例如：

In[11] ▶
```
result = mpd. plot(rain24,mem. pdf_plot,s = {"dtime":24},
                                    yscale = "logit",grid = True)
```

Out[11]：

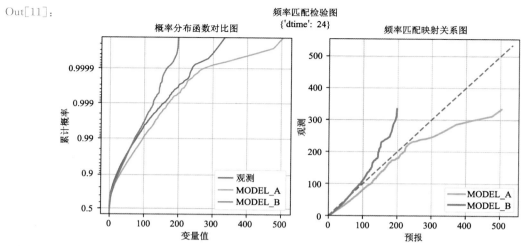

从上面的图形可以看出,降水最强的 1% 的观测样本位于 90～330 mm,MODEL_A 预报样本位于 100～500 mm,MODEL_B 预报位于 90～200 mm,即 MODEL_A 的极端降水预报过强,MODEL_B 的极端降水预报过弱。pdf_plot 函数还会同时输出频率匹配映射关系图,预报员甚至可以基于它对降水强度做订正。例如,根据上面的检验结果,当 MODEL_A 预报 100 mm 时,可订正到 80 mm,当 MODEL_B 预报 100 mm,可订正到 110 mm。

通过上面的分析,了解到 MODEL_A 的强降水预报总体是偏多的,但这种偏差在不同的季节和区域是否具有普遍性? 为此,首先可以按月进行分类检验,方法如下:

In[12]　▶　result = mpd. score(rain24,mem. bias,grade_list = [50],
　　　　　　　　　　s = {"dtime":24},g = "month",plot = "bar")

Out[12]：

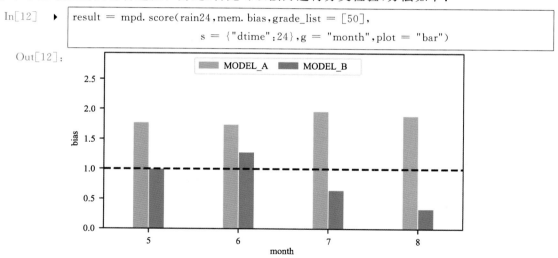

分类检验结果表明,MODEL_A 并非在个别月份出现强降水预报偏多,而基本上在每个月都如此。进一步地,可以通过绘制 bias 的空间分布图,来对比不同区域是否有差异,方法如下:

In[13]　▶　result = mpd. score_id(rain24,mem. bias,grade_list = [50],
　　　　　　　　　　s = {"dtime":24},cmap = "bias",print_max = 1,
　　　　　　　　　　ncol = 2,fix_size = True,point_size = 3)

Out[13]：取值最大的 1 个站点：
　　　　　id：57991　　lon：114.55　　lat：25.8 value：22.0

　　　　　——————————

　　　　　取值最大的 1 个站点：
　　　　　id：58814　　lon：116.35　　lat：26.35 value：11.0

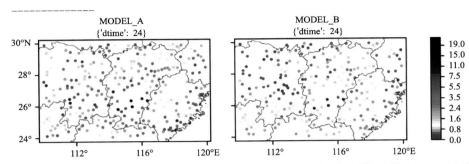

　　上面的检验结果表明，MODEL_A 的 50 mm 等级的 bias 空间分布并不均匀，它在江西东部和南部是最大的，其他区域既有 bias 大于 1 的情况也有小于 1 的情况。除了使用 bias 来分析偏差的情况之外，对降水来说，也可以使用平均误差 me 来检验。不同于 bias 关注某个等级的频率，平均误差检验的是总体量的差别。当用户关心一段时间内（例如，1 个季度等）的降水量偏差或一个流域的面雨量偏差时，平均误差是比 bias 更合适的检验指标。绘制平均误差空间分布的方法如下：

In[14] ▶
```
result = mpd. score_id(rain24,mem. me,s ={"dtime":24},print_max = 1,
                       ncol = 2,fix_size = True,point_size = 3)
```

Out[14]：取值最大的 1 个站点：
　　　　　id：57991　　lon：114.55　　lat：25.8 value：10.023729508196721

　　　　　——————————

　　　　　取值最大的 1 个站点：
　　　　　id：59055　　lon：110.4　　lat：24.5 value：6.464877049180329

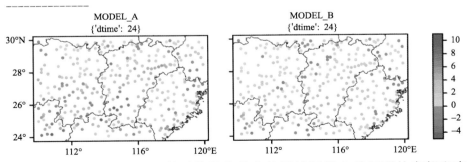

　　上面的检验结果表明，MODEL_A 的平均误差最大的区域同样也是江西的东部和南部。也可以分类检验不同月份的平均误差情况：

In[15] ▶
```
result = mpd. score(rain24,mem. me,s ={"dtime":24},
                    g = "month",plot = "bar",sup_fontsize = 12)
```

Out[15]:

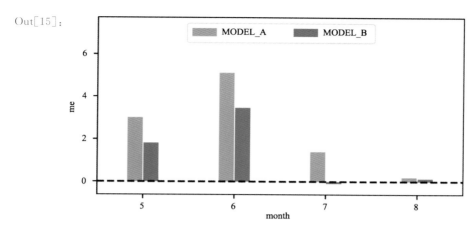

上面图中的检验结果表明,不同月份降水总量偏差并不相同,其中,MODEL_A 偏大最明显的是 6 月。进一步地,对 6 月的样本按起报时间进行分类检验,方式如下:

In[16] ▸

```
result = mpd. score(rain24, mem. me, s = {"dtime":24,"month":[6]},
                    g = "time", plot = "line", sup_fontsize = 12)
```

Out[16]:

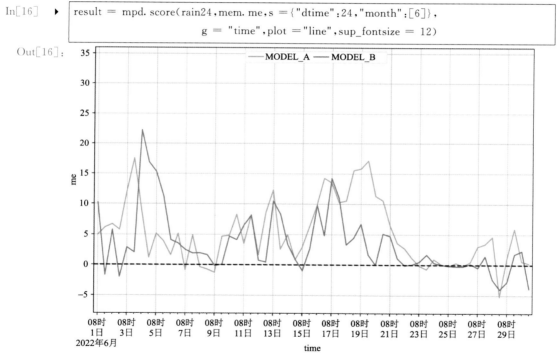

上面的检验结果表明,MODEL_A 的降水预报在整个 6 月都是总体偏大的,其中,有三个时段偏大最显著,分别是 6 月 1—4 日、6 月 10—14 日和 6 月 15—21 日。为更细致地查看这些时段内降水预报偏差,可以绘制降水预报和观测分布对比图。前面检验分析都是基于插值后的站点数据,而绘制分布对比图需要网格预报数据,为此,首先可以用如下方式收集一段时间的网格预报数据。

In[17] ▸

```
# 读取收集 MODEL_A 预报数据
dir1 = r" D：\ book \ test _ data \ input \ MODEL _ A \ ACPC \ YYYYMMDD \
YYMMDDHH. TTT. nc"
```

```
grd_list = []
time0 = datetime. datetime(2022,6,1,8)
while time0 <= datetime. datetime(2022,6,30,8):
    for dh in range(0,73,3):
        path = meb. get_path(dir1,time0,dh)
        grd = meb. read_griddata_from_nc(path,time = time0,dtime = dh,
                                data_name = "MODEL_A",show = True)
        if grd is not None:
            grd_list. append(grd)
    time0 += datetime. timedelta(hours = 12)
MODEL_A_ACPC = meb. concat(grd_list)
MODEL_A_rain24 = meb. change(MODEL_A_ACPC,used_coords = ["dtime"],delta=24)
# 读取收集 MODEL_B 预报数据
dir1 = r"D:\book\test_data\input\MODEL_B\rain03\YYYYMMDD\YYMMDDHH.
TTT. nc"
grd_list = []
time0 = datetime. datetime(2022,6,1,8)
while time0 <= datetime. datetime(2022,6,30,8):
    for dh in range(3,85,3):
        path = meb. get_path(dir1,time0,dh)
        grd = meb. read_griddata_from_nc(path,time = time0,dtime = dh,
                                data_name = "MODEL_B",show = True)
        if grd is not None:
            grd_list. append(grd)
    time0 += datetime. timedelta(hours = 12)
MODEL_B_rain03 = meb. concat(grd_list)
MODEL_B_rain03 = meb. move_fo_time(MODEL_B_rain03,12)
MODEL_B_rain24 = meb. sum_of_grd(MODEL_B_rain03,
                                used_coords=["dtime"],span=24)
grd_all = meb. combine_griddata([MODEL_A_rain24,MODEL_B_rain24],
                                dtime_list=[24,48,72])
```

水平分布对比图有两种形式，第一种是固定观测数据的时间，对比不同模式和不同起报时间的预报，另一种是固定起报时间，对比不同模式和不同时效的预报。这两种形式的对比图都可以由 mpd. rain_sg 函数来实现，当输入的观测数据只包括 1 个时刻时，程序会输出第一种对比图，例如：

In[18] ▶
```
# 从数据集中提取观测数据，并把时效重置为 0
ob_rain24 = meb. get_ob_from_combined_data(rain24)
# 选取 1 个时刻的观测数据
ob_rain24_one_day = meb. sele_by_para(ob_rain24,time="2022061808")
mpd. rain_sg(ob_rain24_one_day,grd_all, point_size=5,ts_grade=[50],
        grade_list = [10,25,50,100,250,400,800])
```

Out[18]:

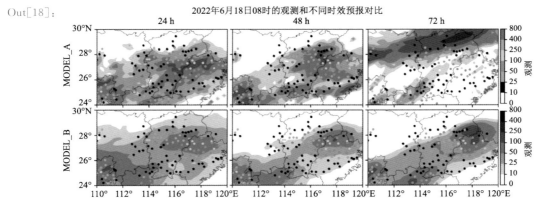

mpd. rain_sg 的第一个参数是站点观测,第二个参数是网格预报,上面的示例代码中,第一个参数中只包含 2022 年 6 月 18 日 08 时的观测数据,它代表 17 日 08 时—18 日 08 时的 24 h 降水量。检验图形中各列子图是与该时刻观测相匹配的不同时效的预报场,不同行对应不同模式(或方法)的预报。上图显示的结果表明,MODEL_B 的预报过于平滑,MODEL_A 的 24 h 和 48 h 时效预报的位置和强度更为合理,但 MODEL_A 的 72 h 时效的雨带位置完全偏离了实况。

在输入的观测数据包含多个时刻且预报数据只有 1 个起报时间的情况下,程序会为不同时效的预报自动匹配相应的观测,绘制如下对比图。

In[19]　▶

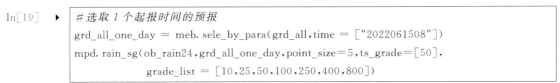

```
# 选取 1 个起报时间的预报
grd_all_one_day = meb. sele_by_para(grd_all,time = ["2022061508"])
mpd. rain_sg(ob_rain24,grd_all_one_day,point_size=5,ts_grade=[50],
            grade_list = [10,25,50,100,250,400,800])
```

Out[19]:

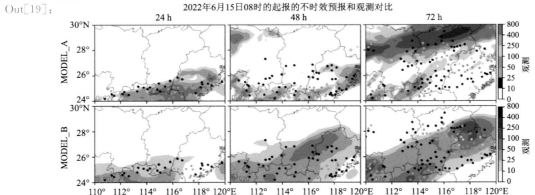

上图结果显示,在 15 日 08 时之后的 3 d,实况雨带是往北发展的,MODEL_A 预报的雨带在 72 h 时效出现了一次过大的跳跃,位置显著偏北,且强度过大;MODEL_B 48 h 时效预报的雨带向北扩展过快,但 72 h 时效和实况接近。

以上从空间维度更细致地查看了一次降水过程的偏差情况,还可以利用逐 3 h 的预报数据更细致地检验时间维度的偏差特性。下面通过 mem. ob_fo_mean 来对比观测和预报降水均值的时间演变特征,方法是对一段时间内每日 08 时起报的 0～24 h 时效数据按观测时间进行分类检验,具体方法如下:

In[20] ▶
```
result = mpd. score(rain03,mem. ob_fo_mean,g = "ob_time",
        s={"time_range": ["2022061508", "2022062108"], "dtime_range":
        [0, 24], "hour": 8}, plot = "line",sup_fontsize = 14,vmax = 9)
```

Out[20]:

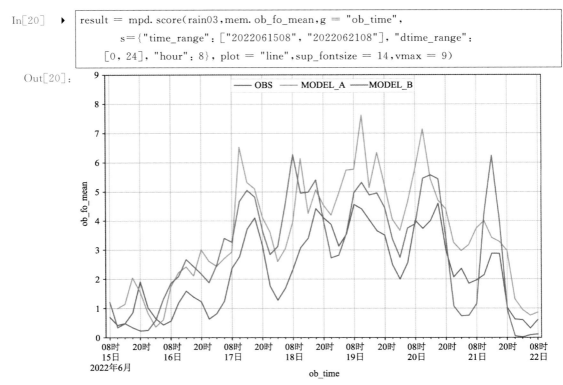

上面的结果显示，在所选时段内 MODEL_A 和 MODEL_B 的降水均值都比观测（OBS）高，同时逐 3 h 降水演变曲线揭示这段时间降水存在明显的日变化特征，并且预报存在明显的偏差（观测的降水都是在下午时段最强，MODEL_A 的最强降水出现在 11 时）。为了验证上述日变化特征是否具有普遍性，对所有 08 时起报的预报和对应观测按观测时点（Hour of Day）进行分类检验，方式如下：

In[21] ▶
```
result = mpd. score(rain03,mem. ob_fo_mean,g = "ob_hour",
        plot = "line",s = {"dtime_range" : [0,24],"hour":8})
```

Out[21]:

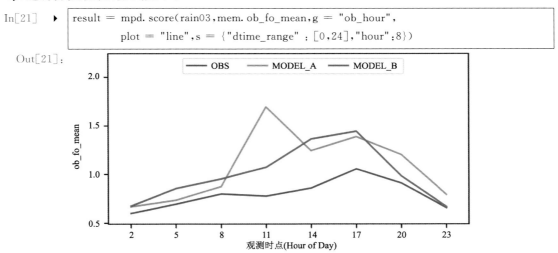

结果表明，观测和预报都表现出明显的日变化特征，MODEL_B 和观测的最强降水时段都是 17 时，但 MODEL_A 在 17 时为次峰值，最大峰值在 11 时。还可以利用不同等级的降水频次来分析降水的日变化情况，具体方法如下：

In[22]　▶
```
result = mpd. score(rain03,mem. ob_fo_hc,grade_list = [1,5,10,20],
                    s = {"dtime_range" : [0,24],"hour":8},
                    g = "ob_hour",plot = "line",ncol = 2,sup_fontsize = 14)
```

Out[22]：

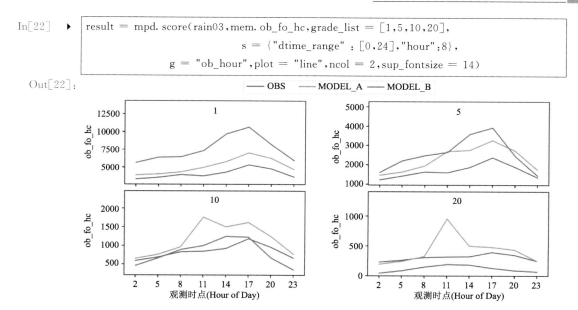

上面的结果显示，MODEL_A 在 1 mm 和 5 mm 以上等级和观测有一致的单峰特征，但 10 mm 以上等级表现出双峰特征（11 时、17 时）。进一步地，还可以利用 mpd. diunal_max_hour 函数检验不同月份的峰值时间，方式如下：

In[23]　▶
```
result = mpd. diunal_max_hour(rain03,mem. ob_fo_hc,
                    grade_list = [1,5,10,20],plot = "bar",tag = 0,
                    g = "month",s = {"dtime_range" : [0,24],"hour":8})
```

Out[23]：

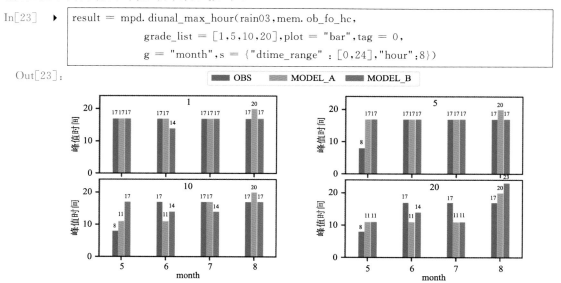

上面柱状图上的数值（如 17）代表峰值出现的时间（如 17 时）。结果表明，不同月份、不同等级的降水频次峰值时间基本上都是 17 时，在 1 mm 和 5 mm 等级 MODEL_A 和 MODEL_B 的峰值时间基本和实况一致，在 10 mm 和 20 mm 等级则和实况有明显差异，且没有特别的规律。

以上分析是基于 08 时起报的预报，20 时起报的预报能否合理描述降水的日变化？为回答该问题只需将上述分析代码中的选取参数 hour 改为 20，效果如下：

In[24] ▶
```
result = mpd. score(rain03,mem. ob_fo_mean,g = "ob_hour",
              plot = "line",s = {"dtime_range" : [0,24],"hour":20})
```

Out[24]:

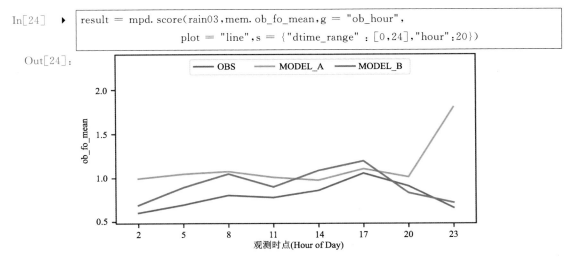

上面结果显示，MODEL_A 的 20 时起报的降水预报在 23 时达到峰值，结合之前 08 时起报的降水预报在 11 时达到峰值，推测 MODEL_A 的降水预报在 3 h 时效存在偏大的情况。为此，可以通过对所有样本按时效进行分类检验，方式如下：

In[25] ▶
```
result = mpd. score(rain03,mem. me,g = "dtime",plot = "line", sup_fontsize = 12)
```

Out[25]:

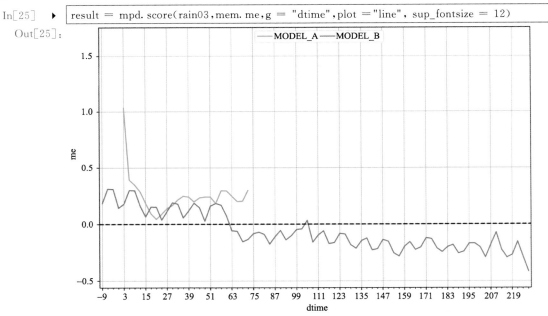

上图的检验结果表明，MODEL_A 的 3 h 时效预报确实是存在大幅的偏差，结合前面的分析，这种偏差是持续存在的。

通过对本节的分析，排查出了 MODEL_B 的几处错误数据；分析了两种预报的频率偏差以及偏差的时空分布和日变化规律，最终发现并确认 MODEL_A 的 3 h 效预报异常偏大。在检验中，经常需要经过很多分析操作后才发现一些只需简单操作就能揭示的偏差规律，但这并不能否定之前的一系列分析操作的价值。

9.4　风预报检验评估

风,既是一种重要的气象资源,又是重要的气象致灾因素。作为一种基本气象要素,风是各级气象台站的基本预报内容之一。为了达到时空精细化要求,气象台站发布的风预报大都已不是人工制作或订正的,而是在数值预报基础上经客观订正得到的。客观订正算法的研发通常不是一步到位的,因为种种原因客观订正算法总会存在系统性的偏差和特殊情况下的错误。通过检验及时发现这些偏差和错误能够帮助研发者更快地改进算法,从而提升预报的准确率。

风是一种矢量,它包括风向和风速,或者 U、V 分量。其中,风向、风速或者风的一个分量,也可以视作为与降水、温度类似的标量,采用各类适合标量要素的检验方法加以检验。同时,风也需要作为一个矢量整体,采用有别于标量的方法加以检验。MetEva 集成了关于风预报检验的各类算法函数,在线文档中有一个页面中给出了每种函数的调用方法,但是缺少对各类检验方法进行综合性应用的示例。

本节将结合具体的应用场景,展示综合应用各类标量和矢量检验方法进行探索式分析的过程,希望能帮助读者理解各种风预报检验方法的价值和应用方法。

9.4.1　数据整理

本章检验示例数据包括模式预报(MODEL)和客观订正预报(MOS)逐 3 h 风场预报。预报数据的时段范围是 2022 年 1 月 1 日 08 时—1 月 31 日 20 时,每日预报的时间包括 08 时和 20 时。预报数据的网格范围为 $110°$—$120°$E,$24°$—$30°$N,网格间距为 $0.5°$,预报时效范围是 $0\sim72$ h。对应的观测数据是 2022 年 1 月 1 日 08 时—2 月 3 日 20 时逐 3 h 地面站点风向风速观测。

第 4.1 节介绍的数据收集程序的结构同样适用于风预报的检验,将图 4.1 中的代码经修改后得到本节的数据收集代码。由于风预报数据涉及两个分量,与标量预报数据收集程序相比,本节的数据收集程序的内容调整包括:

(1)分别从 MICAPS 第 2 类文件中读取了风速(第 20 行)和风向(第 21 行),再转换成了 U 分量、V 分量(第 22 行)。

(2)分别从 NetCDF 格式文件中读取了 U 分量(第 37 行)和 V 分量(第 38 行),再合并到一个网格数据中(第 39 行)。

(3)读取数据时没有直接设置数据名称,在数据拼接后(第 26 行、44 行和 61 行),再设置数据的名称。

```
In[1]    ▶    import meteva. base as meb
              import meteva. method as mem
              import meteva. product as mpd
              import meteva. perspact as mps  # 透视分析模块
              import datetime
              import pandas as pd
```

```python
import numpy as np
import os

times = datetime.datetime(2022,1,1,8)  # 预报数据起始时间
timee = datetime.datetime(2022,2,1,0)  # 预报数据结束时间
timee_ob = timee + datetime.timedelta(hours = 72)  # 观测数据结束时间
station = meb.read_station(meb.station_国家站)  # 检验站点表
# 收集观测数据
dir_ob = r"D:\book\test_data\input\OBS_with_noise\wind\YYMMDDHH.000"
time1 = times
sta_list = []
while time1 < timee:
    path = meb.get_path(dir_ob,time1)
    if os.path.exists(path):
        speed = meb.read_stadata_from_micaps1_2_8(path,
                                column=meb.m2_element_column.风速)
        angle = meb.read_stadata_from_micaps1_2_8(path,
                                column=meb.m2_element_column.风向)
        wind_sta = meb.speed_angle_to_wind(speed,angle)  # 风向风速转 U、V 分量
        sta_list.append(wind_sta)
    time1 += datetime.timedelta(hours =3)
wind_ob = meb.concat(sta_list)
meb.set_stadata_names(wind_ob,["u_OBS","v_OBS"])
# 收集模式数据
dir_U = r"D:\book\test_data\input\MODEL\U\YYMMDDHH.TTT.nc"
dir_V = r"D:\book\test_data\input\MODEL\V\YYMMDDHH.TTT.nc"
sta_list = []
time1 = times
while time1 < timee:
    for dh in range(0,73,3):
        path_U = meb.get_path(dir_U,time1,dh)
        path_V = meb.get_path(dir_V,time1,dh)
        if os.path.exists(path_U) and os.path.exists(path_V):
            U = meb.read_griddata_from_nc(path_U)
            V = meb.read_griddata_from_nc(path_V)
            wind_grd = meb.u_v_to_wind(U,V)  # U、V 分量合并至一个风场变量
            wind_sta = meb.interp_gs_linear(wind_grd,station)
            sta_list.append(wind_sta)
    time1 = time1+datetime.timedelta(hours = 12)
wind_model = meb.concat(sta_list)
meb.set_stadata_names(wind_model,["u_MODEL","v_MODEL"])
# 收集后处理订正数据
```

```
dir_fo = r"D:\book\test_data\input\MOS\YYMMDDHH. TTT. nc"
sta_list = []
time1 = times
while time1 < timee：
    for dh in range(0,73,3)：
        path = meb. get_path(dir_fo,time1,dh)
        if os. path. exists(path)：
            wind_grd = meb. read_griddata_from_nc(path,time = time1,
    dtime = dh,level = 0)
            if wind_grd is not None：
                wind_sta = meb. interp_gs_linear(wind_grd,station)
                sta_list. append(wind_sta)
        time1 = time1+datetime. timedelta(hours = 12)
wind_mos = meb. concat(sta_list)
meb. set_stadata_names(wind_mos,data_name_list=["u_MOS","v_MOS"])
# 数据合并
wind_all = meb. combine_on_obTime_id(wind_ob,[wind_model,wind_mos],
    need_match_ob=True)
wind_all. to_hdf(r"D:\book\test_data\sta_all_wind. h5","df")
    wind
```

Out[1]:

	level	time	dtime	id	lon	lat	u_OBS	v_OBS	u_MODEL	v_MODEL	u_MOS	v_MOS
0	0	2022-01-01 08	3	57543	110.03	29.88	−1.00	−0.44	0.72	−0.49	1.03	−0.94
1	0	2022-01-01 08	3	57554	110.16	29.40	0.99	−0.37	1.25	0.23	1.33	0.51
...	...	...	...	...	...	...	...	...	...	...	...	...
18578	0	2022-01-31 20	3	59137	118.54	24.81	−0.57	−5.85	−0.82	−6.60	−1.98	−6.88

409356 rows × 12 columns

程序运行结果显示,收集好的数据是一个 sta_data 格式的数据,它的前 6 列坐标信息的形式和标量预报检验数据集没有区别,之后的数据部分是观测和预报的 U 分量、V 分量依次排列。

9.4.2 检验分析

从收集好的数据文件中导入检验数据,并过滤取值不合理的样本。

In[2] ▶
```
wind_all = pd. read_hdf(r" D:\book\test_data\sta_all_wind. h5")
wind_all = meb. sele_by_para(wind_all,value = [−100,100])
```

接下来,开始对风场预报进行检验分析。首先,可以采用 mem. acs_uv 统计 MOS 预报的风速预报准确率相对于 MODEL 的提高情况。

In[3] ▶
```
result = mpd. score(wind_all,mem. acs_uv,g = "dtime",plot = "line")
```

Out[3]:

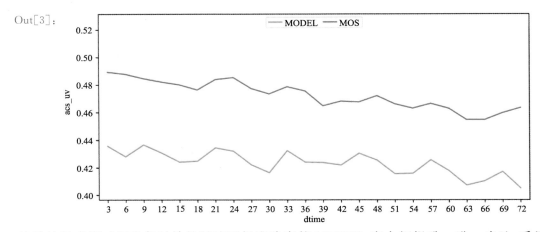

检验结果表明，MOS 各时效的风速预报准确率较 MODEL 有大幅提升。进一步地，采用 mem. acd_uv 统计不同时效两种预报的风向预报准确率，方式如下：

In[4]　▶
```
result = mpd. score(wind_all, mem. acd_uv, g = "dtime", plot = "line",
                    ignore_breeze = True)
```

Out[4]:

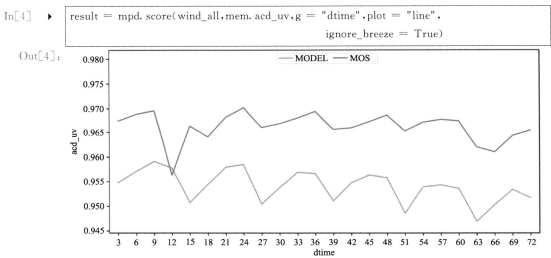

上面的示例中，参数 ignore_breeze 设置为 True，表示在检验时如果一个样本中预报和观测的风速都小于或等于 3 级，则认为该风向预报是正确的。上面的检验结果显示，MOS 订正后的风向预报准确率也较 MODEL 有很大的提高，但是存在个别时效（12 h）准确率低于模式的情况。这种情况可能是一段时间内整体性偏低，也可能是由个别时刻异常偏低造成的。为了快速查找到问题的原因，可以使用 mpd. score_tdt 函数绘制不同时间不同时效的风向准确率情况，方式如下：

In[5]　▶
```
result = mpd. score_tdt(wind_all, mem. acd_uv, ignore_breeze = True,
                       unit = "%", x_y = "time_dtime",
                       s = {"member":["u_OBS", "v_OBS", "u_MOS", "v_MOS"]})
```

Out[5]:

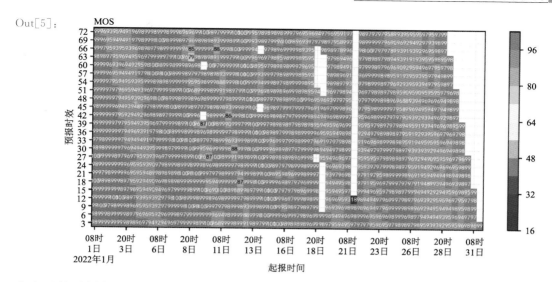

在上面的示例中,x_y = "time_dtime"表示以起报时间为横坐标、以预报时效为纵坐标来显示不同时间不同时效的检验结果,并利用参数 s 挑选观测和 MOS 预报的 U、V 数据进行检验。结果表明,整个 1 月,MOS 的准确率都是很高的,但在 2022 年 1 月 21 日 20 时的 12 h 时效准确率仅有 18%,这说明该时刻的预报极有可能是错误的。为此,下面从原始的网格预报文件中读入风场,并用 meb. bars_grd_wind 绘制风场图,结果表明在 25°N 以北的区域网格预报内容完全错误。

In[6] ▶
```
path ＝r"D:\book\test_data\input\MOS\22012120.012.nc"
wind2 ＝ meb. read_griddata_from_nc(path)
meb. barbs_grid_wind(wind2,sup_fontsize＝6)
```

Out[6]:

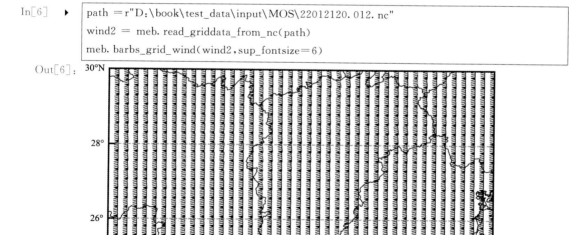

为了进一步检验,采用 meb. drop_by_para 从检验数据集中将错误数据内容剔除,并进一步根据风场数据计算了风速,方式如下:

In[7] ▶
```
wind_all = meb. drop_by_para(wind_all,time = "2022012120",dtime = 12)
speed,angle = meb. wind_to_speed_angle(wind_all)
```

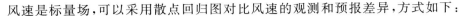

风速是标量场，可以采用散点回归图对比风速的观测和预报差异，方式如下：

In[8] ▸ `result = mpd. plot(speed,mem. scatter_regress,height = 4,rtype = "rate")`

Out[8]:

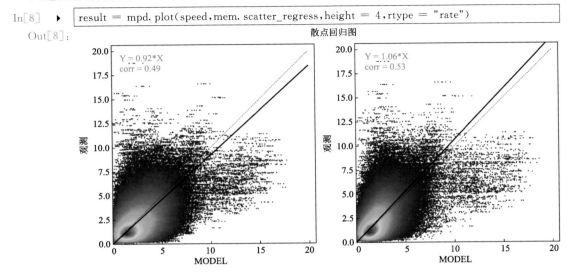

在上面的示例中，mem. scatter_regress 是返回图形的检验方法，因此，采用 mpd. plot 进行调用，而不是 mpd. score。上图中每一个点代表一组观测预报样本对，图形中还以不同颜色来区分散点所在位置的样本数量密度，颜色越亮代表密度越大。当散点越集中于对角线附近，特别是亮色区域靠近对角线，就代表预报误差越小。rtype 是 mem. scatter_regress 的一个可选参数，默认情况下，rtype＝"linear"，表示图形中会采用给出观测预报之间的线性拟合关系，上面示例中，rtype＝"rate" 表示采用的是 $Y＝aX$ 的比例关系对观测预报进行拟合，拟合曲线（粗实线）越接近图形对角线（细虚线）代表预报的系统性偏差越小。

散点回归图除了能展示预报的整体误差情况外，对明显大的误差预报样本也能一并全部直观展现出来。例如，上图显示存在一族点对应的观测值约为 18 m/s，但模式和订正预报都小于 5 m/s，显然这是非常大的误差。为了获得这族点对应的时空坐标，可以直接采用取值范围过滤的方法将它们提取并打印出来，方法如下：

In[9] ▸
```
sta_big_error = meb. sele_by_para(speed,OBS_range＝[17.5,20],
    MOS_range ＝[0,5])
sta_big_error
```

Out[9]:

	level	time	dtime	id	lon	lat	OBS	MODEL	MOS
373129	0	2022-01-27 20:00:00	72	58931	118.11	25.71	18.7668	2.251506	3.019599
379276	0	2022-01-28 08:00:00	60	58931	118.11	25.71	18.7668	2.225329	2.627333
385373	0	2022-01-28 20:00:00	48	58931	118.11	25.71	18.7668	1.811328	2.381421
391466	0	2022-01-29 08:00:00	36	58931	118.11	25.71	18.7668	1.847731	3.428942
396625	0	2022-01-29 20:00:00	24	58931	118.11	25.71	18.7668	3.224380	2.242959
400577	0	2022-01-30 08:00:00	12	58931	118.11	25.71	18.7668	2.373900	3.395642

根据上面的打印结果可知，大幅的偏差都出现在 58931 站上，时段则集中在 27—30 日。进一步地，可以利用 mpd. time_list_mesh_wind 函数来绘制这次过程中该站的观测和预报的

风矢量具体演变,方法如下:

In[10] ▶
```
result = mpd. time_list_mesh_wind(wind_all, s = {"id":58931,
                    "time_range":["2022012708", "2022013120"],
        "member":["u_OBS", "v_OBS", "u_MOS", "v_MOS"]}, plot_error = False)
```

Out[10]:

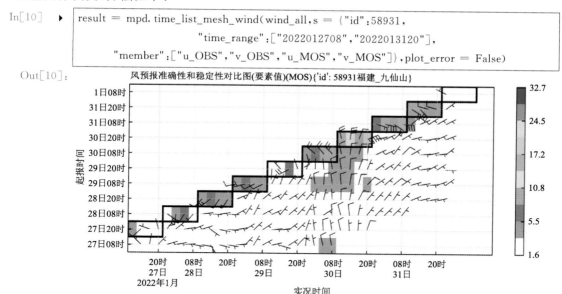

　　上面的图形显示,在 30—31 日,58931 站出现了一次北风转东风的大风过程,最大风速达到 17.2 m/s 以上。不同时刻起报的模式预报给出了风向转变的过程,但风速普遍预报很小,MOS 预报没有订正掉模式的误差。从图形展示的不同时效预报和观测的对比来看,此次大误差并非由某种错误或故障造成,而是对该站的预报存在系统性的预报能力不足。它可能是由地形因素和数据网格分辨率不足导致的,限于篇幅不再展开探究。

　　上面展示了一种快速确定大幅度风速误差的时空位置的方法,接下来还可以通过 mpd. score_id 函数绘制风向准确率的空间分布,并打印准确率最低的一些站点信息,快速确定风向存在大幅度偏差的站点,具体函数调用方法如下:

In[11] ▶
```
sta_result,_ = mpd. score_id(wind_all, mem. acd_uv, print_min =1, ncol = 2)
```

Out[11]: 取值最小的 1 个站点:

id:58530　　lon:118.43　　lat:29.87 value:0.014637904468412942

——————————

取值最小的 1 个站点:

id:58530　　lon:118.43　　lat:29.87 value:0.020030816640986132

——————————

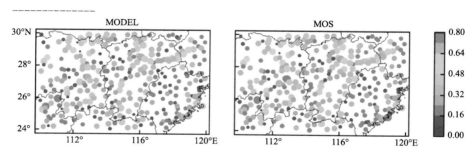

　　在上面的示例中,MODEL 和 MOS 的预报中风向准确率最低的都是 58530 站。可以用 mem. Scatter_uv 函数以散点形式展示该站点所有观测和预报的风矢量在 U/V 平面的分布。

方式如下：

In[12] ▶ result = mpd. plot(wind_all, mem. scatter_uv, s = {"id":58530 })

Out[12]:

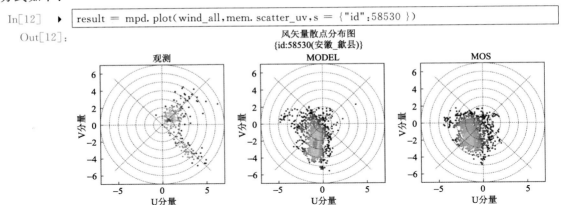

风矢量散点分布图
{id:58530(安徽_歙县)}

上面的图形显示，58530 站上观测的风主要为西南风和西北风两种情况，但 MODEL 预报的盛行风是北偏东风，MOS 订正后的预报则是以东北风为主，都和实际观测存在明显偏离。在上面的图形中，由于一个观测时刻数据对应多个时刻的预报数据，因此，观测图中的点更稀疏，如果读者觉得这个问题导致观测预报对比不够直观，可以在绘图时通过参数 add_randn_to_ob 给观测样本随机增加一些扰动并绘制在实际值附近，这样就可以使观测子图中显示的散点数量和预报子图中相同。具体效果如下：

In[13] ▶ result = mpd. plot(wind_all, mem. scatter_uv, s = {"id":58530},
add_randn_to_ob = 0.2)

Out[13]:

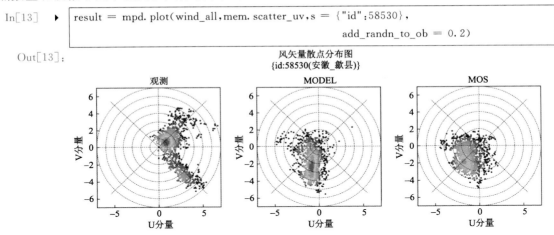

风矢量散点分布图
{id:58530(安徽_歙县)}

从上面的图中看不出观测和预报的具体对应关系，若需要进行更具体的对比，则可以利用 mpd. time_list_mesh_wind 绘制一段时间内不同时效的预报和观测的风羽图，方式如下：

In[14] ▶ result = mpd. time_list_mesh_wind(wind_all,
s = {"id":58530,"time_range":["2022012008","2022013008"],
"member":["u_OBS","v_OBS","u_MOS","v_MOS"]}, plot_error = False)

Out[14]:

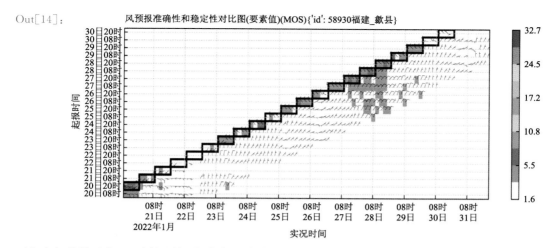

经过客观算法订正后的预报准确率通常较模式有所提升,如果在一些区域或站点出现准确率下降的情况,就需要引起客观算法研发者的注意。通过对这些站点进行着重分析找到改进措施,是优化客观算法的有效途径。上面调用 mpd. score_id 函数统计不同站点的风向准确率的返回结果存储在 sta_result 中,它是一个站点形式的数据,其中,第 6 列和第 7 列分别是MODEL 和 MOS 预报在各站点上的准确率。利用 sta_result 的数据就可以计算每个站点上MOS 相对于 MODEL 的准确率提升情况,进一步可以绘制成图形,方法如下:

In[15] ▶
```
delta = sta_result. iloc[:,0:6]
delta["delta"] = sta_result. iloc[:,7] - sta_result. iloc[:,6]
meb. scatter_sta(delta,cmap="me",print_min = 2,
                title = "MOS 与 MODEL 的风向准确率之差")
```

Out[15]: 取值最小的 2 个站点:

id:58549　　lon:119.66　　lat:29.11 value:-0.15622641509433963

id:59065　　lon:111.51　　lat:24.42 value:-0.14466815809097688

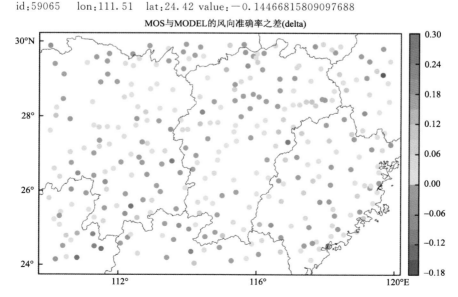

通过上面的分析可知,在 58549 站上 MOS 预报相对于 MODEL 预报的准确率降低幅度

最大。进一步，对该站点的风矢量的分布情况进行检验（如下图），结果显示该站点实况主要为东风，MODEL 预报也以东风或东偏北风为主，但订正后的 MOS 预报则是以东北风为主，因此，产生了更大的偏差。

In[16] ▸ result = mpd.plot(wind_all, mem.scatter_uv, s = {"id":58549},
　　　　　　　　　　　　　　　　　　add_randn_to_ob = 0.1)

Out[16]:

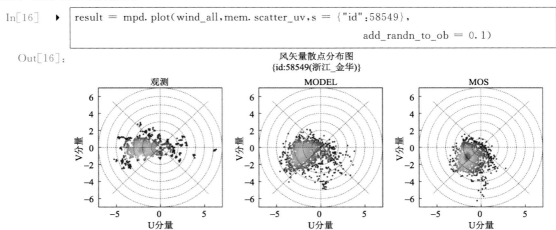

另外，采用风矢量分布统计图（mem.statistic_uv）还可以将观测和预报叠加在同一图层中进行不同风向的频率和平均速度的对比检验，使用方法如下：

In[17] ▸ result = mpd.plot(wind_all, mem.statisitic_uv, s = {"id":58549})

Out[17]:

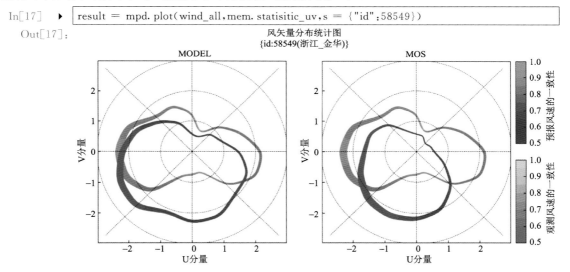

从风矢量分布统计图同样可以看出，MODEL 预报东风、西风的频率和风速都与实况更接近。另外，MODEL 和 MOS 预报的北风频率和风速都明显大于实况。

第 10 章　空间检验方法和应用

　　高分辨率数值模式和网格预报产品所包含的小尺度细节可能已经失去了可预报性,所以期望它们严格的准确是不合理的。当预报位置和实况位置存在微小偏差,若采用"点对点"的检验容易导致"双重惩罚"等问题,无法给出合理的评价。同时,高分辨率预报的细节是有价值的,即使它们并不能准确地和实况对应,也能提供关于极端天气及变化程度的信息(Jolliffe et al.,2016)。为此,研究人员提出了多种无需在时空上进行严格点对点匹配的检验方法,它们可以克服"双重惩罚"的问题,有些还能给出更接近主观理解的偏差信息(例如,位置偏差、强度偏差等),这些方法可以统称为空间检验方法。

　　空间检验方法的种类非常多,但业务和科研中常用的方法主要有两类,其中一类是邻域检验方法,另一类是基于目标识别的检验方法。邻域检验方法基本思路是放宽观测和预报在空间位置匹配的要求,其中,代表性的方法包括点对面检验(唐文苑 等,2017)和邻域空间检验(赵滨 等,2018),前者通常应用在强对流天气的检验中,后者通常应用在高分辨率的降水预报检验中。基于目标识别的检验方法中应用最广泛的是基于目标的诊断评估方法(the methed for object-based diagnostic evaluation,即基于 MODE 的空间检验方法,以下简称为 MODE 方法)(Davis et al.,2006a,2006b,2009;尤凤春 等,2011)。以下就上述三种空间检验方法进行介绍。

```
In[1]  ▶   import meteva. base as meb      # 基础函数
           import meteva. method as mem     # 检验算法
           import meteva. product as mpd    # 检验分析模块
           import meteva. perspact as mps   # 透视分析模块
           import datetime
           import pandas as pd
           import numpy as np
           import copy
```

10.1　邻域检验方法

10.1.1　点对面检验

　　对于时空尺度小、局地性较强的短时强降水、冰雹等强对流灾害性天气,常规的地面气象站很难完全观测得到,因此,点对点检验很难准确地反映预报质量(唐文苑 等,2017)。此时,可以采用点对面的方式进行检验,即对每个站点上实况是否出现某类天气,是以该点为中心,一定半径的圆圈内是否出现了该类天气来判别。点对面检验的基本步骤包括：

步骤 1：设定阈值，将达到阈值条件的观测站取值设为 1，否则设为 0，进一步地通过邻域算法 meb. max_in_r_of_sta 将实况进行点对面的处理，所得结果中当 1 个站的取值为 1，即代表周围一定半径内出现了达到阈值的站点，该步骤可以用 mem. p2a_vto01 函数完成；

步骤 2：将预报达到阈值条件的设置为 1，否则设为 0（注意，预报数据不做点对面的处理），该步骤可以用 mem. p2p_vto01 函数完成；

步骤 3：将 01 形式的观测和预报数据匹配合并；

步骤 4：采用二分类预报的检验方法进行检验。

下面是一个利用点对面方法对 3 h 降水量预报进行检验的示例，其中，记 3 h 降水量达到 5 mm 以上为事件发生。在第 9.3 节中收集了逐 3 h 的降水量的预报和观测数据，点对面的检验可以直接在此基础上开展。具体方式如下：

In[2] ▶
```
# 读取第 9.3 节整理好的数据
rain03_all = pd. read_hdf(r"D:\book\test_data\sta_all_rain03. h5")
# 提取观测数据
rain03_ob = meb. get_ob_from_combined_data(rain03_all)
# 提取预报数据
rain03_MODE_A = meb. sele_by_para(rain03_all, member="MODEL_A")
rain03_MODE_B = meb. sele_by_para(rain03_all, member="MODEL_B")
# 对观测数据采用点对面处理, 转换成 01 形式
hp_ob = mem. p2a_vto01(rain03_ob, r = 40, threshold=5)
# 将预报数据转换成 01 形式
hp_MODEEL_A = mem. p2p_vto01(rain03_MODE_A, threshold=5)
hp_MODEEL_B = mem. p2p_vto01(rain03_MODE_B, threshold=5)
# 将 01 形式的观测和预报匹配合并
sta_p2a = meb. combine_on_obTime_id(hp_ob, [hp_MODEEL_A, hp_MODEEL_B],
                        how_fo="outer", need_match_ob=True)
```

In[2] 中的第 1 行是读入第 9.3 节收集好的数据，其中有一列观测和两列预报，第 2 行是通过 meb. get_ob_from_combined_data 提取观测数据部分，并自动去除重复部分，第 3 行和第 4 行则是提取预报数据部分。之后就是执行点对面检验的步骤，先是采用 mem. p2a_vto01 对观测数据做点对面处理，其中，邻域半径 r 设为 40 km；然后使用 mem. p2p_vto01 将预报数据也转换成 01 形式；再对观测和预报数据进行匹配合并；最后是对整理好的数据进行检验，方法如下：

In[3] ▶
```
ts_p2a, dtime_list = mpd. score(sta_p2a, mem. ts, grade_list = [0.5],
    g = "dtime", plot = "line", height = 5, sup_fontsize = 16)
```

Out[3]：

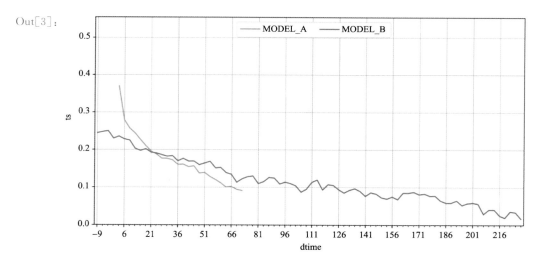

在上面示例中，统计的是点对面的 ts 评分，因为数据已经处理成了 01 形式，所以 ts 评分的等级阈值设置成 0～1 的任意值即可。下面是将点对面检验和常规检验的结果进行对比的代码：

In[4]　▶
```
ts,dtime_list  = mpd. score(rain03_all,mem. ts,grade_list = [5],g = "dtime")
ts_com = np. hstack((ts_p2a,ts))
name_list_dict = {"dtime":dtime_list,
          "NAME":["MODEL_A_p2a","MODEL_B_p2a","MODEL_A_p2p","
MODEL_B_p2p"]}
meb. plot(ts_com,name_list_dict=name_list_dict,axis="dtime",ylabel = "ts")
```

Out[4]：

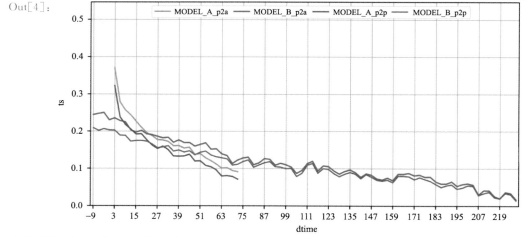

在常规检验中，降水阈值被设置成 ts 评分的 grade_list 参数，而点对面中降水阈值是在将观测预报转换成 01 形式时设置成 threshold 参数。从上面的检验结果来看，采用 40 km 邻域半径时，点对面的 ts 评分普遍高于常规的 ts 评分，但如果邻域半径设置得过大，前者反而会更低，限于篇幅具体结果不详细展开。在业务中邻域半径常用的取值是 40 km，但实际上大家对邻域半径应该设置成多大并没有明确的结论，读者可以根据检验对象和具体需求调整该参数。

10.1.2 邻域空间检验

图 10.1 显示的是从某个网格场中裁剪出的一块 9×9 的网格区域，其中，黑色代表有降水格点。图中观测和预报的降水都零散地分布于 10 个格点上，也就是预报显示该区域有分散性降水，而实况也正是分散性降水，且降水区域的面积比例都是 10/49，可以说，这是一次非常成功的预报。但观测和预报的降水具体位置未能一一对应，如果点对点的检验方法，该区域的 ts 评分为 0，即完全没有预报技巧。

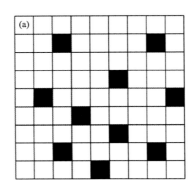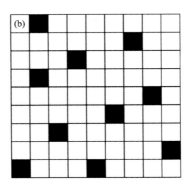

图 10.1　观测(a)和预报(b)降水格点分布示意图

在上面的示意图中，虽然未预报出降水的准确落点，但在窗口范围内的降水概率是有预报技巧的，这正是高分辨率预报的价值所在。为此，Roberts 等(2008)提出了邻域空间检验(fraction skill score，FSS)评分用于评估高分辨率模式对特定窗口内降水概率的表征能力。当然 FSS 不仅可以用于降水的检验，实际上它可以用于所有具备网格实况数据的二分类预报的检验。FSS 的计算公式如下：

$$\text{FSS} = 1 - \frac{\sum_N (P_{\text{fst}} - P_{\text{obs}})^2}{\sum_N P_{\text{obs}}^2 + \sum_N P_{\text{fst}}^2} \qquad (10.1)$$

式中，N 为参与检验的样本总数，它可以是全场的格点数，也可以是多个时刻的格点总数，P_{obs} 和 P_{fst} 分别是在格点周围一定宽度的窗口内观测和预报的事件发生比例。

使用 FSS 需要调用 mem.fss，它接受网格形式的观测和预报数据作为输入，同时它可以接受多个等级阈值和多个窗口尺度参数。窗口尺度参数名称是 half_window_size_list，其中，元素是正方形窗口边长的一半，也就是说，当 half_window_size = 10 时，计算一个格点(如果不在网格场的边缘)附近降水概率时会用到 21×21 个格点。mem.fss 的具体用法如下：

In[5] ▶
```
grid0 = meb.grid([110,120,0.05],[24,30,0.05])    #设置检验数据的网格
path_ANA = r"D:\book\test_data\input\ANA\rain03\22070111.000.nc"
path_MODEL_A = r"D:\book\test_data\input\MODEL_A\ACPC\20220701\22070108.003.nc"
grd_ob = meb.read_griddata_from_nc(path_ANA,grid = grid0,data_name = "ob")
grd_fo = meb.read_griddata_from_nc(path_MODEL_A,grid = grid0,data_name = "ECMWF")
```

```
grade_list = [5,10]
half_window_size_list = [10,20]
fss_one = mem. fss(grd_ob,grd_fo,grade_list=grade_list,
                              half_window_size_list = half_window_size_list)
fss_one
```

Out[5]:

	level	time	dtime	id	lon	lat	fname	half_window_size	grade	pob	pfo	fbs	fss
0	NaN	2022-07-01 08:00:00	3	999999	NaN	NaN	ECMWF	10	5	0.0024	0.0065	0.0012	0.87
1	NaN	2022-07-01 08:00:00	3	999999	NaN	NaN	ECMWF	10	10	0.0006	0.0034	0.0011	0.73
2	NaN	2022-07-01 08:00:00	3	999999	NaN	NaN	ECMWF	20	5	0.0010	0.0031	0.0006	0.86
3	NaN	2022-07-01 08:00:00	3	999999	NaN	NaN	ECMWF	20	10	0.0002	0.0014	0.0005	0.70

通过上面的示例可知,mem. fss 返回的结果是 DataFrame,每一行对应一种阈值(grade 列)和窗口尺度(half_window_size 列)的组合,其中,最后一列(fss 列)的取值是整场的 FSS 评分,此外,返回结果还在每行记录了预报的名称(fname 列)以及计算 FSS 评分用到的中间统计结果(pob、pfo 和 fbs 列)。pob、pfo 和 fbs 列分别对应公式(10.1)中的分母的第一项、第二项和分子项。

上面计算的只是针对单一时刻单一时效的 FSS 评分,如果需要统计一段时间 FSS 评分,则需依次对每个时刻每个时效的预报进行检验,并将结果合并成中间结果数据集。之后就可以使用透视分析模块的功能,基于中间结果数据集统计任意时段和时效内的 FSS 评分了。下面是调用 mem. fss 函数依次对 MODEL_A 和 MODEL_B 的多个时刻多个时效预报进行检验的示例:

In[6]

```
grade_list = [0.1,1,3,5,10,15,20]
half_window_size_list = np. arange(5,51,5)
dir_ANA =r"D:\book\test_data\input\ANA\rain03\YYMMDDHH. 000. nc"
dir_MODEL_A = r"D:\book\test_data\input\MODEL_A\ACPC\YYYYMMDD\YYMMD-
DHH. TTT. nc"
dir_MODEL_B =  r"D:\book\test_data\input\MODEL_B\rain03\YYYYMMDD\YYMMD-
DHH. TTT. nc"
time_s = datetime. datetime(2022,5,1,8,0)
time_e = datetime. datetime(2022,9,1,8,0)
time_fo = time_s
fss_list = []
while time_fo < time_e:
    for dh in range(3,73,3):
        time_ob = time_fo + datetime. timedelta(hours = dh)
        path_ob = meb. get_path(dir_ANA,time_ob)
        grd_ob = meb. read_griddata_from_nc(path_ob,grid = grid0,data_name = "ob")
```

```
        if grd_ob is None:continue
        path_fo = meb. get_path(dir_MODEL_A,time_fo,dh)
        grd_fo1=meb. read_griddata_from_nc(path_fo,grid=grid0,data_name = "MODEL_A")
        path_fo = meb. get_path(dir_MODEL_A,time_fo,dh-3)    #获取前一个时效的预
报数据路径
        grd_fo0 = meb. read_griddata_from_nc(path_fo,grid = grid0)
        if grd_fo1 is not None and grd_fo0 is not None:
            grd_fo1. values -= grd_fo0. values    # 用相距3h的累计量相减,得逐3h降
            水量
            fss_one = mem. fss(grd_ob,grd_fo1,grade_list=grade_list,
                        half_window_size_list = half_window_size_list)#调用FSS算法
            fss_list. append(fss_one)
        path_fo = meb. get_path(dir_MODEL_B,time_fo,dh)
        grd_fo2=meb. read_griddata_from_nc(path_fo,grid=grid0,data_name = "MODEL_B")
        if grd_fo2 is not None:
            fss_one = mem. fss(grd_ob,grd_fo2,grade_list=grade_list,
                        half_window_size_list = half_window_size_list)#调用FSS算法
            fss_list. append(fss_one)
        time_fo = time_fo + datetime. timedelta(hours = 12)
fss_all = meb. concat(fss_list)
fss_all
```

Out[6]:

	level	time	dtime	id	lon	lat	fname	half_window_size	grade	pob	pfo	fbs	fss
0	NaN	2022-05-01 08:00:00	3	999999	NaN	NaN	MODEL_A	5	0.1	2.908	0.061	2.937	0.675
1	NaN	2022-05-01 08:00:00	3	999999	NaN	NaN	MODEL_A	5	1.0	1.171	0.017	3.867	0.865
...	...												
69	NaN	2022-08-31 20:00:00	72	999999	NaN	NaN	MODEL_B	50	20.0	1.197	0.000	1.197	0.00

824460 rows × 13 columns

在合并的中间结果数据集中,time、dtime、fname、half_window_size 和 grade 列可以看做是数据的标签,它们可用于样本选取和分组。下面是按照时间范围和时效的取值选取数据,再按照预报名称、窗口大小和降水等级进行分类检验的函数调用示例：

In[7]
```
fss_ part = meb. sele _ by _ para ( fss _ all, dtime = 72 , time _ range = [ " 2022070108 "," 2022071008 "])
result = mps. score_df(fss_part,mem. fss,g = ["fname","half_window_size","grade"],
                plot = "mesh",ncol = 2,height = 3,annot = 2,width = 10)
```

Out[7]:

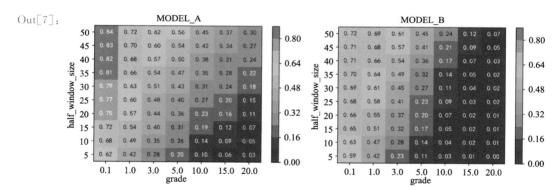

在使用 mps. score_ df 计算 FSS 时,第一个参数是中间结果数据集,第二个参数是 mem. fss,算法会自动将分组后 pob、pfo 和 fbs 列的数据累加,然后代入公式(10.1),计算得到 FSS 评分,再自动绘图。参数 plot = "mesh"表示以色块图形式绘制检验结果,参数 annot = 2 表示把检验结果同时以 2 位有效位数的数字显示。

10.2 MODE 方法

MODE 方法是通过从网格的降水观测和预报场中识别出雨带目标,对观测和预报场中的目标进行匹配后,再对逐对目标的属性进行诊断和检验的方法。它能够提供关于降水的位置、强度和形态偏差等更直观的信息。

MODE 方法应用于不同时效或不同模式的检验时存在一个问题:相同的观测场和不同的预报场匹配时,得到的观测目标是不相同的。这会导致不同时效或不同模式的预报误差没有严格的可比性。为克服该问题,刘凑华等(2013)提出一种改进的目标匹配算法。在该算法中,观测和预报先各自根据目标的位置邻近程度进行合并,之后再将预报目标向观测目标进行单向的匹配,匹配后预报目标可以进一步合并,但观测目标保持不变。MetEva 中同时集成了改进前后的 MODE 方法,但限于篇幅,本节仅就改进后的 MODE 方法的用法进行介绍。

10.2.1 个例检验

简单来说,MODE 方法的步骤包括:目标识别→目标匹配→属性检验。为说明 MetEva 中 MODE 用法,下面先读入一组网格实况和预报数据:

In[8]

```
grid0 = meb. grid([110, 120, 0.05], [24, 30, 0.05]) #设置检验数据的网格
path_ANA =r"D:\book\test_data\input\ANA\rain03\22060111. 000. nc"
path_MODEL_A = r"D:\book\test_data\input\MODEL_A\ACPC\20220601\22060108. 003. nc"
path_MODEL_B = r"D:\book\test_data\input\MODEL_B\rain03\20220601\22060108. 003. nc"
grd_ob = meb. read_griddata_from_nc(path_ANA,grid = grid0,data_name = "ob")
grd_MODEL_A=meb. read_griddata_from_nc(path_MODEL_A,grid = grid0,data_name = "MODEL_A")
```

```
grd_MODEL_B = meb. read_griddata_from_nc(path_MODEL_B, grid = grid0, data_name = "
MODEL_B")
```

因为后续识别匹配过程中要求实况和预报的网格范围和间距一致，因此，上面读取数据时都使用了统一的 grid 参数。

10.2.1.1 目标识别

目标识别的算法流程为：

（1）选用一个半径为 smooth 的圆盘形卷积内核，对观测场和预报场做卷积平滑；

（2）设定一个阈值 threshold，将平滑后观测和预报格点场中的数值小于 threshold 的格点设置为 0；

（3）通过联通域提取算法识别出观测和预报场中的目标；

（4）设置 minsize，将预报或观测场中目标的格点数小于 minsize 的删除；

（5）设置邻域尺度参数 near_dis，判断两两目标之间的邻近度，取多种邻近度的最大值，若它大于 near_rate，则将其对应的两个目标合并；

（6）重复步骤（5），直至所有两两目标之间邻近度小于 near_rate 时，算法终止。

目标识别的步骤可以通过 mem. mode. feature_finder_and_merge 函数来实现，它的调用方法如下：

In[9] ▶
```
look_ff_ob = mem. mode. feature_finder_and_merge(grd_ob, smooth = 5,
        threshold = 5, minsize = 10, near_dis = 100, near_rate = 0.3)
look_ff_MODEL_A = mem. mode. feature_finder_and_merge(grd_MODEL_A,
        smooth = 5, threshold = 5, minsize = 80, near_dis = 80, near_rate = 0.5)
look_ff_MODEL_B = mem. mode. feature_finder_and_merge(grd_MODEL_B,
        smooth = 5, threshold = 5, minsize = 80, near_dis = 80, near_rate = 0.5)
mem. mode. plot_value_and_label_list([look_ff_ob, look_ff_MODEL_A, look_ff_MODEL_B],
        sup_fontsize = 8, cmap = "rain_3h", clevs = np. arange(50))
```

Out[9]:

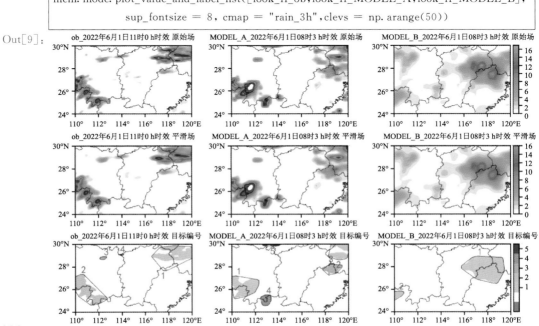

　　在使用目标识别函数时,为了设置更合理的参数,可以通过 mem. mode. plot_value_and_label_list 将网格场和识别结果绘制成图,然后通过浏览图片确定调整参数的方法。在上面的示例中,MODEL_A 在浙江西部有多个降水中心,但通过对目标的初步合并,它们被合并成了一个编号为 3 的目标,主观判断这是合理的。同时,浙江西部编号为 3 和 2 的两个目标还应该进一步合并。为了进一步将目标 2 和 3 合并,可以提高参数 near_dis 或降低参数 near_rate。

In[10]　▶　look_ff_MODEL_A = mem. mode. feature_finder_and_merge(grd_MODEL_A,
　　　　　　　　smooth = 5,threshold = 5, minsize = 150,near_dis = 100,near_rate = 0.5)
　　　　mem. mode. plot_label_list([look_ff_ob,look_ff_MODEL_A,look_ff_MODEL_B],
　　　　　　　　sup_fontsize = 8,ncol = 3)

Out[10]:

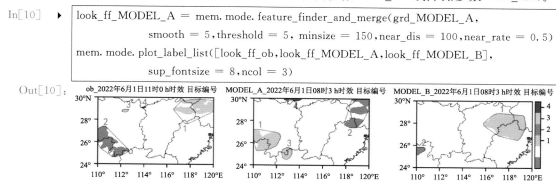

　　上面是将 near_dis 提高到 100 km 后的运行效果,从中可以看出,浙江西部的目标都识别成了一个。通过对比观测和预报的目标位置,主观上可以判断图中 MODEL_A 在湖南西南部和南部编号为 1 和 3 的目标进一步合并才更合理。

10.2.1.2　目标匹配

　　函数 mem. mode. unimatch 可以将预报场中的目标向观测的目标匹配,成功匹配的预报目标和观测目标会设为相同编号。匹配过程中,预报目标会根据位置分布情况逐步合并。合并的条件是两个预报目标合并后和观测目标的匹配度大于阈值 cover_rate,并且比两个预报目标各自和观测目标的匹配度更高。

In[11]　▶　matched_MODEL_A = mem. mode. unimatch(look_ff_ob,look_ff_MODEL_A,
　　　　　　　　cover_dis＝150,cover_rate＝0.5)
　　　　matched_MODEL_B = mem. mode. unimatch(look_ff_ob,look_ff_MODEL_B,
　　　　　　　　cover_dis＝150,cover_rate＝0.5)
　　　　mem. mode. plot_label_list([look_ff_ob,matched_MODEL_A,matched_MODEL_B],
　　　　　　　　sup_fontsize＝8,ncol = 3)

Out[11]:

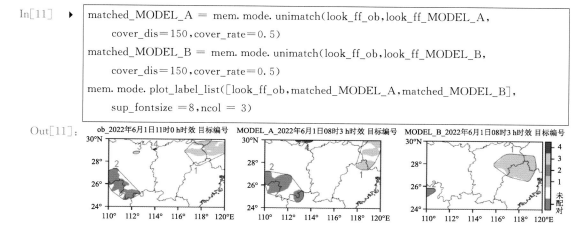

　　通过上面的步骤,MODEL_A 在湖南西南部和南部的两个目标被合并了。在匹配合并的结果中,湖南西南部以及赣闽浙交界区域的观测和预报目标实现了匹配,观测场中编号 3 的目标在预报场中找不到对应目标,即它被漏报了。

10.2.1.3　目标属性检验

　　接下来,可以用 mem. mode. unimerge 将观测和预报目标识别和匹配结果合并成一个综合变量，然后调用 mem. mode. feature_merged_analyzer 函数对整个场中每个目标位置、强度和形态等属性进行检验。

In[12] ▶
```
look_merge_MODEL_A = mem. mode. unimerge(look_ff_ob, matched_MODEL_A)
    features = mem. mode. feature_merged_analyzer(look_merge_MODEL_A)
mem. mode. plot_feature(features)
```

Out[12]:

起报时间:20220601080000			预报时效:3		成功匹配目标数:3	
整场目标预报评价	Hits		Misses		False alarms	Correct negatives
	3		1		0	12
ets	pod		pofd		far	hss
0.692	0.750		0.000		0.000	0.818
逐个目标属性检验				目标1	目标2	目标4
目标整体相似度				0.170	0.170	0.233
目标轴属性	主轴长度	观测		3.544	3.382	0.353
		预报		3.052	3.965	1.551
	次轴长度	观测		2.114	2.078	0.138
		预报		2.384	2.259	0.260
	主轴倾角	观测		9.760	149.899	10.497
		预报		33.768	154.847	178.806
	矩形窗_x0	观测		113.636	112.535	113.707
		预报		117.894	113.833	116.537
	矩形窗_y0	观测		28.323	25.002	29.026
		预报		27.654	24.914	29.809
	矩形窗_x1	观测		120.966	109.415	114.212
		预报		120.701	109.533	109.991
	矩形窗_y1	观测		29.584	26.811	29.120
		预报		29.531	26.934	29.946
目标面属性	质心_x	观测		118.491	111.024	113.968
		预报		119.049	111.455	113.416
	质心_y	观测		29.120	25.909	29.071
		预报		28.761	25.978	29.951
	面积	观测		3.293	3.083	0.048
		预报		2.600	4.003	0.333
	中位数强度	观测		10.155	10.050	7.650
		预报		7.850	13.044	9.400
目标属性对比	质心距离			0.663	0.436	1.008
	角度差			24.008	4.948	168.308
	面积比			0.790	0.770	0.143
	重叠面积比例			0.395	0.542	0.000
	bearing方位角			53.546	100.093	-150.189
	bdelta距离			17.399	11.499	11.615
	haus距离			35.384	19.209	30.610
	medMiss			6.915	2.275	14.426
	medFalseAlarm			4.837	3.706	19.615
	msdMiss			126.797	20.052	208.737
	msdFalseAlarm			59.494	37.541	405.489
	ph距离			35.000	19.105	29.833
	fom			0.544	0.587	0.007
	minsep最近距离			0.000	0.000	13.038

根据绘制的检验结果图，可以定量对比观测目标和预报目标的位置关系、形态差异和强度差异。其中，观测和预报的质心位置、预报质心相对观测质心的方位（bearing方位角）、观测和预报之间的各种距离、观测与预报的重叠面积比例等是用于表征观测和预报目标的位置关系；主轴和次轴长度、矩形窗、倾角、角度差、面积、面积比等属性是用于表征观测和预报目标的形态差异；中位数强度则是表征强度差异。此外，还有部分属性（例如，最大值和90%分位强度等）未在图中显示，但可以从检验结果 features 中提取，具体方法详见在线文档。

10.2.2　长序列检验

实际上，预报员通过实况和预报的降水分布图就可以了解雨带位置和形态的偏差，

MODE 方法只是让这些偏差检验更定量了一些。问题是少数个例中检验出的预报偏差是否具有普遍性呢? 对此有必要通过长序列的统计检验加以验证。因此,使用 MODE 方法需要将个例检验和长序列统计检验相结合,以便发挥更大的价值。

利用 MetEva 开展 MODE 方法的长序列检验可以分为三个步骤:

(1)通过循环调用的方式对每个起报时间每个时效的预报进行目标识别、匹配和检验,输出各时次的检验结果。

(2)读入各时次的检验结果,整合成规整的检验数据表;

(3)基于整合的检验数据开展统计分析。

下面的代码就是步骤(1)的具体体现,对 2022 年 5 月 1 日 08 时—8 月 31 日 20 时逐 12 h 起报的 72 h 内逐 3 h 降水预报进行批量检验。为了说明方便,在左侧添加行号,因此,这一段代码没有使用 Jupyter 来编写。

代码中的第 6 行到第 62 行是将同一个起报时间的所有时效的预报检验封装成一个函数 run_mode,该函数只有一个起报时间参数供外部调用。在函数 run_mode 中调用空间检验算法的代码位于第 38 行和第 56 行,其他代码则是用于处理数据的输入和输出。mem. mode. operate 是完成单个预报场空间检验的功能函数,它的前 2 个参数是观测数据和预报数据。mem. mode. operate 可选参数中 threshold 是提取降水目标的阈值,平滑后的降水场中低于该阈值的部分会被置为 0。在本书的示例中,该参数取值是 5,即表示之后检验都是针对 3 h 降水量超过 5 mm 的降水目标进行的。可选参数 match_method 是用来设置目标匹配方案的,MetEva 提供了多种可选方案,在包含多种模式多种时效的对比检验中应选择方案 mem. mode. unimatch,对应刘凑华等(2013)提出的一种目标匹配方案。mem. mode. operate 的其他参数在 MetEva 的在线文档中都有详细说明,这里不再做逐一介绍。

第 64~74 行是程序主调的部分,通过调用 run_mode 完成对一段时间内所有预报的检验。空间检验耗时较多,为此在第 74 行使用并行函数 meb. multi_run 来提高效率。meb. multi_run 的第 1 个参数就是并行的线程数,在本节示例中是 10,用户可以根据所用设备的 CPU 内核数来设置;第 2 个参数是任务执行时实际需要执行的函数,本节示例中是 run_mode;第 3 个参数的内容是一个列表,列表中的元素是调用第二个参数时所需的参数,在本节中是调用 run_mode 所需起报时间参数。meb. multi_run 会根据线程数将第 3 个参数平均拆分成多个列表,然后并行地传入需要执行的函数。

```
1  import meteva. base as meb          # 导入 meteva 的基础函数模块
2  import meteva. method as mem        # 导入 meteva 的检验算法模块
3  import numpy as np
4  import datetime
5  import os
6  def run_mode(time_fo):
7      dir_ANA = r"D:\book\test_data\input\ANA\rain03\YYMMDDHH. 000. nc"      # 观测数据路径模板
8      # 预报数据路径模板
9      dir_MODEL_A = r"D:\book\test_data\input\MODEL_A\ACPC\YYYYMMDD\YYMMDDHH.
       TTT. nc"
10     dir_MODEL_B = r"D:\book\test_data\input\MODEL_B\rain03\YYYYMMDD\YYMMDDHH. TTT.
       nc"
```

```
11          #检验结果输出路径根目录
12          save_dir_MODEL_A = r"D:\book\test_data\output\mode_result\MODEL_A"
13          save_dir_MODEL_B = r"D:\book\test_data\output\mode_result\MODEL_B"
14          grid0 = meb. grid([110, 120, 0.1], [24, 30, 0.1])      #设置检验数据的网格范围和间距
15          for dh in range(3,73,3)：  #循环不同时效的预报
16              time_ob = time_fo + datetime. timedelta(hours = dh) #预报对应的观测文件时间
17              path_ob = meb. get_path(dir_ANA,time_ob)                #获取观测数据的文件路径
18              grd_ob = meb. read_griddata_from_nc(path_ob,grid = grid0,time = time_ob,
19                                              dtime = 0,level =0,data_name = "ob")
20              if grd_ob is None：continue
21
22              #检验 MODEL_A 的预报
23              json_dir = save_dir_MODEL_A + r"\json\YYYYMMDDHH. TTT. txt"
24              json_path = meb. get_path(json_dir, time_fo, dh)         #获取检验结果输出路径
25              if not os. path. exists(json_path):               #如果检验结果文件已经存在则跳过
26                  path_fo = meb. get_path(dir_MODEL_A,time_fo,dh)          #获取预报数据路径
27                  grd_fo1 = meb. read_griddata_from_nc(path_fo,grid = grid0,time = time_fo,
28                                  dtime = dh,level = 0,data_name = "MODEL_A")
29                  path_fo = meb. get_path(dir_MODEL_A,time_fo,dh-3)     #获取前一个时效的预报数
                    据路径
30                  grd_fo0 = meb. read_griddata_from_nc(path_fo,grid = grid0,time = time_fo,
31                                          dtime = dh-3,level = 0,data_name = "MODEL_A")
32                  if grd_fo1 is not None and grd_fo0 is not None：
33                      try：
34                          # 利用相距 3 时效的累计降水量相减,得到逐 3 h 的降水量场
35                          grd_fo1. values -= grd_fo0. values
36
37                          # 调用 MODE 方法,生成单个预报场的检验结果
38                          mem. mode. operate(grd_ob,grd_fo1,smooth = 3,threshold=5,minsize=5,
39                                      cmap = "rain_3h",clevs = np. arange(0,61,3),
40                                      match_method=mem. mode. unimatch,near_dis=[150,100],
41                                      near_rate=[0.3,0.5],cover_dis=100,cover_rate=0.5,
42                                      save_dir=save_dir_MODEL_A)
43                      except：
44                          pass
45
46              #检验 MODEL_B 的预报
47              json_dir = save_dir_MODEL_B + r"\json\YYYYMMDDHH. TTT. txt"
48              json_path = meb. get_path(json_dir, time_fo, dh) #获取检验结果输出路径
49              if not os. path. exists(json_path)：#如果检验结果文件已经存在则跳过
50                  path_fo = meb. get_path(dir_MODEL_B,time_fo,dh)      #获取预报数据路径
51                  grd_fo1 = meb. read_griddata_from_nc(path_fo,grid = grid0,time = time_fo,
52                                      dtime = dh,level = 0,data_name = "MODEL_B")
```

```
53              if grd_fo1 is not None:
54                  try:
55                      # 调用 MODE 方法,生成单个预报场的检验结果
56                      mem. mode. operate(grd_ob,grd_fo1,smooth = 3,threshold=5,minsize=5,
57                                          cmap = "rain_3h",clevs = np. arange(0,61,3),
58                                          match_method=mem. mode. unimatch,near_dis=[150,100],
59                                          near_rate=[0. 3,0. 5],cover_dis=100,cover_rate=0. 5,
60                                          save_dir=save_dir_MODEL_B)
61                  except:
62                      pass
63
64  if __name__ == "__main__":
65      time_s = datetime. datetime(2022,5,1,8,0)    # 批量检验的起始时间
66      time_e = datetime. datetime(2022,9,1,8,0)    # 批量检验的结束时间
67      time_fo = time_s
68      time_list = [time_fo]
69      # 通过循环将所有要检验的时间加入列表中
70      while time_fo < time_e:
71          time_fo = time_fo + datetime. timedelta(hours = 12)
72          time_list. append(time_fo)
73      # 通过调用 meb. multi_run 以并行方式执行 run_mode,以提升效率
74      meb. multi_run(10,run_mode,time_fo = time_list)
```

上述批量检验程序运行后会在指定的保存目录下生成 4 个子目录,分别是/json、/label、/png 和/table。其中,png 目录下以图片形式存放了每个时间每个时效的预报及对应观测的降水场、平滑后的降水场和目标编号,/table 目录下以图片形式记录了各起报时间各预报时效的目标检验结果,在/json 目录下以 json 格式输出目标检验的数据以满足长时间序列的分析需要。

在开展长序列的检验分析前,首先通过下面的方式从/json 目录下读入所有时间所有时效的目标检验数据,读入的结果是一个列表,列表的元素是一个字典,其中存储单个预报场的目标检验信息。

In[13] ▶
```
feature_summary_list_MODEL_A = mem. mode. load_feature_summary_list(
                r"D:\book\test_data\output\mode_result\MODEL_A\json")
feature_summary_list_MODEL_B = mem. mode. load_feature_summary_list(
                r"D:\book\test_data\output\mode_result\MODEL_B\json")
```

进一步地采用 features_list_to_df 函数将列表-字典形式的检验数据转换成 pandas. DataFrame 形式,调用方式如下:

In[14] ▶
```
hmfc_MODEL_A,df_hit_MODEL_A,df_fal_MODEL_A,df_mis_MODEL_A
            = mem. mode. features_list_to_df(feature_summary_list_MODEL_A)
hmfc_MODEL_B,df_hit_MODEL_B,df_fal_MODEL_B,df_mis_MODEL_B
            = mem. mode. features_list_to_df(feature_summary_list_MODEL_B)
```

转换函数返回的是一个包含 4 个变量的元组。其中，第 1 个变量存储了目标命中、空报和漏报的数目，形式如下：

In[15] ▶ hmfc_MODEL_A

Out[15]：

	level	time	dtime	member	H	F	M	C
0	0	2022-05-01 20：00：00	3	MODEL_A	2	0	0	54
1	0	2022-05-01 20：00：00	6	MODEL_A	1	0	0	157
...	...	...	...	...	...	...	...	...
5855	0	2022-08-31 20：00：00	72	MODEL_A	0	0	0	1

5856 rows × 8 columns

第 2 个变量是命中目标的检验属性，其中包括观测目标的属性、预报目标的属性以及观测和预报目标对比检验的指标。由于数据信息列数较多，上面的截图不能完全显示，可通过 print 函数打印出其中包含的列。

In[16] ▶ print(df_hit_MODEL_A. columns)

Out[16]： Index(['level', 'time', 'dtime', 'id', 'lon', 'lat', 'ob_lenghts_MajorAxis',
'ob_lenghts_MinorAxis', 'ob_window_x0', 'ob_window_y0', 'ob_window_x1',
'ob_window_y1', 'ob_centroid_x', 'ob_centroid_y', 'ob_area',
'ob_intensity', 'ob_angle', 'fo_lenghts_MajorAxis',
'fo_lenghts_MinorAxis', 'fo_window_x0', 'fo_window_y0', 'fo_window_x1',
'fo_window_y1', 'fo_centroid_x', 'fo_centroid_y', 'fo_area',
'fo_intensity', 'fo_angle', 'ob_intensity_0', 'fo_intensity_0',
'ob_intensity_5', 'fo_intensity_5', 'ob_intensity_10',
'fo_intensity_10', 'ob_intensity_25', 'fo_intensity_25',
'ob_intensity_50', 'fo_intensity_50', 'ob_intensity_75',
'fo_intensity_75', 'ob_intensity_90', 'fo_intensity_90',
'ob_intensity_95', 'fo_intensity_95', 'ob_intensity_100',
'fo_intensity_100', 'cent_dist', 'angle_diff', 'area_ratio', 'int_area',
'bearing', 'bdelta', 'haus', 'medMiss', 'medFalseAlarm', 'msdMiss',
'msdFalseAlarm', 'ph', 'fom', 'minsep'],
dtype='object')

第 3 个变量的内容是空报目标的属性，其各列的名称如下：

In[17] ▶ print(df_fal_MODEL_A. columns)

Out[17]： Index(['level', 'time', 'dtime', 'id', 'lon', 'lat', 'fo_lenghts_MajorAxis',
'fo_lenghts_MinorAxis', 'fo_window_x0', 'fo_window_y0', 'fo_window_x1',
'fo_window_y1', 'fo_centroid_x', 'fo_centroid_y', 'fo_area',
'fo_intensity', 'fo_angle', 'fo_intensity_0', 'fo_intensity_5',
'fo_intensity_10', 'fo_intensity_25', 'fo_intensity_50',
'fo_intensity_75', 'fo_intensity_90', 'fo_intensity_95',
'fo_intensity_100'],
dtype='object')

第 4 个变量的内容是漏报目标的属性,其各列的名称如下:

In[18]　▶ | print(df_mis_MODEL_A. columns)

Out[18]： Index(['level', 'time', 'dtime', 'id', 'lon', 'lat', 'ob_lenghts_MajorAxis',
　　　　　　　'ob_lenghts_MinorAxis', 'ob_window_x0', 'ob_window_y0', 'ob_window_x1',
　　　　　　　'ob_window_y1', 'ob_centroid_x', 'ob_centroid_y', 'ob_area',
　　　　　　　'ob_intensity', 'ob_angle', 'ob_intensity_0', 'ob_intensity_5',
　　　　　　　'ob_intensity_10', 'ob_intensity_25', 'ob_intensity_50',
　　　　　　　'ob_intensity_75', 'ob_intensity_90', 'ob_intensity_95',
　　　　　　　'ob_intensity_100'],
　　　　　　dtype='object')

用户可以在线上文档中查阅上述列名称对应的属性和检验指标的含义,此处将不展开赘述。

接下来,可以基于上面整理好的数据开展检验分析。在开展基于目标的降水检验时,认为一种模式的降水预报性能优良的首要判据是它命中的目标更多、漏报和空报的目标更少。为此,可以对比检验两种模式不同时效的目标匹配情况,方式如下:

In[19]　▶
```
# 将两个模式的命中、空报、漏报数据合并成一个变量
df_hfmc = meb. concat([hmfc_MODEL_A, hmfc_MODEL_B])
result1, dict1 = mps. score_df(df_hfmc, mem. pod, g = ["member", "dtime"])    # 命中率
result2, dict1 = mps. score_df(df_hfmc, mem. far, g = ["member", "dtime"])    # 空报率
result3, dict1 = mps. score_df(df_hfmc, mem. mr, g = ["member", "dtime"])     # 漏报
result4, dict1 = mps. score_df(df_hfmc, mem. bias, g = ["member", "dtime"])   # 偏差
result = np. array([result1, result2, result3, result4])
name_list_dict = {
    "method":["命中率(pod)", "空报率(far)", "漏报率(mr)", "偏差(bias)"],
    "member":["MODEL_A", "MODEL_B"],
    "dtime":dict1["dtime"]}
meb. plot(result, name_list_dict, grid = True, ylabel = "评分", xlabel = "时效",
        ncol = 4, height = 3, sup_title = "目标匹配情况随时效变化")
```

Out[19]：

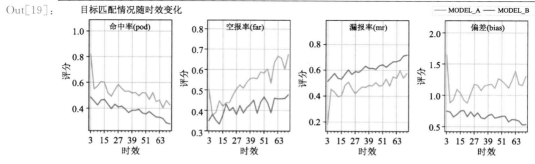

上面代码中的第 2～5 行是调用第 8.4 节中讲到的透视分析模块中的函数实现对命中率、空报率、漏报率和偏差的计算,之后再用第 7.1 节中讲到的矩阵数据绘制函数将多个检验指标绘制在同一图形中。

除了基于 hfmc 中间量按照时间和时效等维度进行分类检验之外,还可以采用目标的某

一个属性的取值区间作为分类指标，从上述命中、空报和漏报目标属性表（上述变量 2、3 和 4）中统计出目标匹配情况随某些属性的变化。例如，下面的代码中统计了降水目标匹配情况随目标面积的变化。

In[20] ▶

```
area_list = np.arange(0, 11).tolist()    # 面积等级设置
df_list = [[df_hit_MODEL_A, df_fal_MODEL_A, df_mis_MODEL_A],
                [df_hit_MODEL_B, df_fal_MODEL_B, df_mis_MODEL_B]]
hfmc = np.zeros((2, len(area_list), 4))    # 中间量数组
for i in range(len(df_list)): # 循环不同模式(或客观)预报
    hit_sample = meb.sele_by_para(df_list[i][0], member=["ob_area", "ob_angle"])
    # 命中频次分布
    hit_frequent, _ = mpd.table(hit_sample, mem.frequency_table, grade_list=area_list)
    fal_sample = meb.sele_by_para(df_list[i][1], member=["fo_area", "fo_angle"])
    # 空报频次分布
    fal_frequent, _ = mpd.table(fal_sample, mem.frequency_table, grade_list=area_list)
    mis_sample = meb.sele_by_para(df_list[i][2], member=["ob_area", "ob_angle"])
    # 漏报频次分布
    mis_frequent, _ = mpd.table(mis_sample, mem.frequency_table, grade_list=area_list)
    hfmc[i, :, 0] = hit_frequent[0, 1:]    # 将命中数填充值至中间量数组
    hfmc[i, :, 1] = fal_frequent[0, 1:]    # 将空报数填充值至中间量数组
    hfmc[i, :, 2] = mis_frequent[0, 1:]    # 将漏报数填充值至中间量数组
# 基于中间量计算空报\漏报\ts
result = np.array([mem.far_hfmc(hfmc), mem.mr_hfmc(hfmc), mem.ts_hfmc(hfmc)])
name_list_dict = {
    "method": ["雨带空报率", "雨带漏报率", "雨带 ts 评分"],
    "model": ["MODEL_A", "MODEL_B"],
    "area": area_list}
meb.plot(result, name_list_dict=name_list_dict, axis="area", legend="model",
            sup_title="不同面积的降水目标的匹配情况", xlabel="降水雨带的面积(1°
            ×1°)",
            ylabel="检验指标", sup_fontsize=14, vmin=0, vmax=1.0, width=10,
            grid=True, height=4, ncol=3)
```

Out[20]:

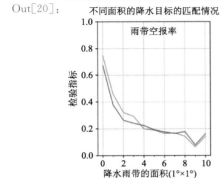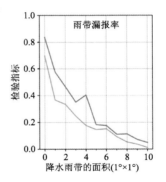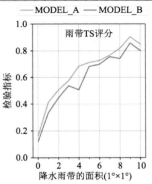

上面的代码通过统计不同降水面积情况下的命中、空报和漏报目标数目,计算了雨带的空报率、漏报率以及以雨带视角下的 ts 评分。程序中的第 1 行是雨带面积划分所需的等级参数,第 6 行、第 8 行和第 10 行调用的 mem. frequency_table 函数会统计属性值位于各等级区间的频次。mem. frequency_table 接受的是 numpy 数组作为参数,而 mpd. table 则可以从站点数据形式的属性表中提取 2 列属性值后调用 mem. frequency_table。因为 mpd. table 默认输入数据包含 2 列属性值,否则会报错,但此时只需要其中第 1 列数据对应的频次表,因此,在第 5 行、第 7 行和第 9 行提取数据时,member 参数中多加了一个面积属性用以占位。第 11～13 行将不同面积等级对应的命中、空报和漏报频次集成到一个数组中,其中,因为 mem. frequency_table 返回的[0,0]号元素对应的是面积小于 0 的频次,不需保留,因此,采用 [0,1:]作为索引。第 2 行是为了循环方便,将两种预报的属性放置在列表中。通过后面的循环得到了 2×10×4 的中间量数组,之后就可以基于中间量数组统计出漏报率、空报率和 ts 评分,并基于 meb. plot 绘图。

上面的检验结果表明,随着面积的减小,雨带被空报或漏报的比例会增加,即可预报性会减小。当雨带面积低于 1 个单位(1°×1°)时,空报率和漏报率都大于 0.6,这提示面积很小的雨带预报难度很大。另外,对于面积小于 3 个单位的雨带,MODEL_A 比 MODEL_B 的空报率更大、漏报率更小,对于面积大于 3 个单位的雨带,MODEL_A 的空报率和漏报率更小。从 ts 评分指标来看,在各种不同面积条件下,MODEL_A 预报目标和实况目标匹配率都更高。

在对匹配情况进行检验之后,可以进一步对命中目标的属性偏差进行检验。下面的示例是对目标中位数降水强度进行检验的示例代码。代码中首先从总的属性表中提取了降水中位数强度对应的列,进一步将 MODEL_A 和 MODEL_B 的属性与观测属性合并在一起,以开展不同预报的对比。

```
In[21]  df_A = meb. sele_by_para(df_hit_MODEL_A,member=["ob_intensity_50","fo_intensity_50"])
        df_B = meb. sele_by_para(df_hit_MODEL_B,member=["fo_intensity_50"])
        df_intensity = meb. combine_on_level_time_dtime_id(df_A,df_B)
        meb. set_stadata_names(df_intensity,data_name_list=["OBS","MODEL_A","MODEL_B"])
        df_intensity
```

Out[21]:

	level	time	dtime	id	lon	lat	OBS	MODEL_A	MODEL_B
0	0	2022-05-02 08:00:00	6	1	119.072727	24.800000	6.85	5.884	5.672
1	0	2022-05-05 08:00:00	51	1	110.417391	24.184783	9.05	13.896	7.096
...		...			...	...	...	...	...
2289	0	2022-08-31 20:00:00	21	1	117.308974	24.375641	10.75	8.184	6.720

2290 rows × 9 columns

合并后的数据包括 2022 年 5—8 月所有时效预报的命中目标的中位数强度,该数据形式正好与 MetEva 的站点数据形式是一致的,只不过其 id 列代表的不是站号,而是目标编号。利用 mpd. score 函数可以方便地对它开展分类检验,例如,下面是按时效对中位数降水强度进行分类检验:

In［22］ ▶
```
result = mpd. score(df_intensity, mem. ob_fo_mean, g = "dtime",
              plot = "line", sup_fontsize = 16,
              grid = True, ylabel="中位数降水强度(mm)")
```

Out［22］：

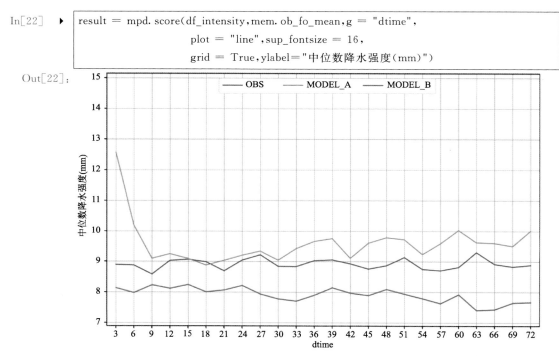

检验结果显示，MODEL_A 的中位数降水强度普遍高于观测，MODEL_B 则相反。另外，MODEL_A 的 3 h 时效强度偏差非常大。为了验证这种大偏差是否为普遍情况，下面选取了 3 h 时效的样本，再按时间进行分类检验：

In［23］ ▶
```
result = mpd. score(df_intensity, mem. ob_fo_mean, s = {"dtime":3},
              g = "time", plot = "line", sup_fontsize = 16,
              grid = True, ylabel="中位数降水强度(mm)")
```

Out［23］：

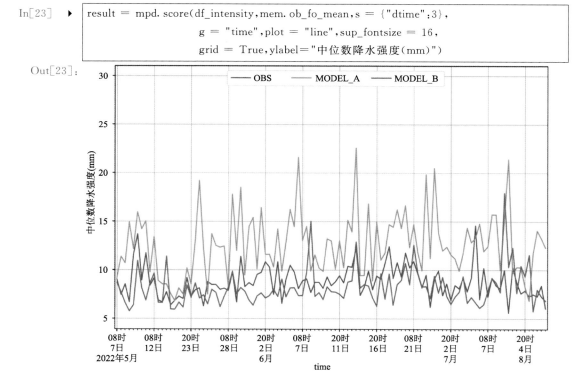

检验结果表明,MODEL_A 的 3 h 的偏差是普遍情况,这从另一个角度验证了第 9.4 节中用常规检验发现的问题。

除了按照时间和时效等坐标信息对目标进行分类检验之外,还可以将目标的一种属性作为分类依据,对另一种属性进行分类检验。下面是一个以目标主轴长度为分类依据,对目标面积的偏差进行检验的示例。其中,首先通过选取函数提取了观测的目标面积和两种预报的目标面积,以及观测目标的主轴长度,然后将它们合并到一个数据表中:

In[24] ▸
```
df_A = meb. sele_by_para(df_hit_MODEL_A,member=["ob_area","fo_area"])
df_B = meb. sele_by_para(df_hit_MODEL_B,member=["fo_area","ob_lenghts_MajorAxis"])
df_area = meb. combine_on_level_time_dtime_id(df_A,df_B)
meb. set_stadata_names(df_area,data_name_list=["OBS","MODEL_A","MODEL_B","group_index"])
df_area
```

Out[24]:

	level	time	dtime	id	lon	lat	OBS	MODEL_A	MODEL_B	group_index
0	0	2022-05-02 08:00:00	6	1	119.07	24.80	0.22	0.79	0.19	1.96
1	0	2022-05-05 08:00:00	51	1	110.417	24.18	0.46	1.74	1.97	0.91
...	...		...		...	...	...	...	...	...
2289	0	2022-08-31 20:00:00	21	1	117.307	24.37	0.78	0.38	1.39	1.12

2290 rows × 10 columns

在合并后的数据表中,最后一列是观测目标的主轴长度。接下来,可以按照最后一列的取值范围,挑选不同长度的雨带目标按时效分类检验,然后将结果合并到一个 3 维数组中,最后通过函数 meb. plot 完成检验结果绘图。

In[25] ▸
```
df_part = meb. sele_by_para(df_area,last_range =[0,3],drop_last=True)
result1,dtimes = mpd. score(df_part,mem. ob_fo_mean,g = "dtime")
df_part = meb. sele_by_para(df_area,last_range =[3,6],drop_last=True)
result2,dtimes = mpd. score(df_part,mem. ob_fo_mean,g = "dtime")
df_part = meb. sele_by_para(df_area,last_range =[6,9],drop_last=True)
result3,dtimes = mpd. score(df_part,mem. ob_fo_mean,g = "dtime")
df_part = meb. sele_by_para(df_area,last_range =[9,12],drop_last=True)
result4,dtimes = mpd. score(df_part,mem. ob_fo_mean,g = "dtime")
result = np. array([result1,result2,result3,result4])
name_list_dict = {
    "maxLen":["主轴长度:0°~3°","主轴长度:3°~6°","主轴长度:6°~9°","主轴长度:9°
    ~12°"],
    "dtime":dtimes,
    "model":["OBS","MODEL_A","MODEL_B"]}
meb. plot(result,name_list_dict=name_list_dict,axis = "dtime",legend = "model",
        sup_title = "不同尺度的观测目标和预报目标面积对比",sup_fontsize = 14,
        xlabel = "时效(小时)",ylabel = "平均误差(1°×1°)",
        vmin = 0,width = 10,grid = True,height = 6,ncol = 2,hline=0)
```

Out[25]：

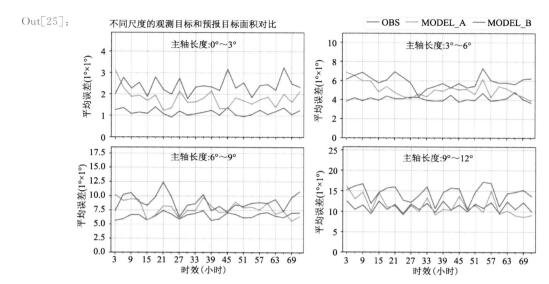

可以以观测目标的主轴长度代表雨带的尺度，上面的结果表明，两种预报对不同尺度雨带的面积都是高估的，其中，MODEL_B 的偏差比 MODEL_A 的更大。结果还表明，两种预报对更小尺度雨带的预报偏差更显著。除了 MODEL_A 的 3 h 有些异常之外，两种预报的偏差没有随时效递增、递减或周期变化的特征。

本节展示了利用 MetEva 开展长序列空间检验的方法。它包括对逐个预报场的目标识别、匹配和检验，对批量检验结果的整理，以及根据整理好的检验数据开展分类统计检验。利用 MetEva 的选取和分类功能，既可以分析不同条件下的目标匹配情况，也可以对雨带目标的属性进行时空分类检验，还可以分析一种属性对其他属性偏差的影响。限于篇幅，本节只展示了 4 个检验分析示例，事实上，在熟悉了整理好的检验数据结构之后，用户可以根据自己需求开展更多样的统计分析。

参考文献

刘凑华，林建，代刊，等，2022. 一种适用于评估降水预报服务能力的评分方法[J]. 暴雨灾害，41（6）：712-719.

刘凑华，牛若芸，2013. 基于目标的降水检验方法及应用[J]. 气象，39（6）：681-690.

潘留杰，张宏芳，薛春芳，等，2016. 数值模式评估系统 MET 及其初步应用[J]. 气象科技进展，4：37-43.

唐文苑，周庆亮，刘鑫华，等，2017. 国家级强对流天气分类预报检验分析[J]. 气象，43（1）：67-76.

韦青，李伟，彭颂，等，2019. 国家级天气预报检验分析系统建设与应用[J]. 应用气象学报，30（2）：245-256.

杨辉，黄思先，鲁建军，2014. "湖北省乡镇精细化气象要素预报订正及检验平台"研发和实施[J]. 气象水文海洋仪器，31（4）：88-91.

杨阳，王连仲，周晓珊，2017. 东北区域业务模式预报产品检验评估系统的建立及应用[J]. 气象与环境学报，33（4）：21-28.

姚文，陈海涛，张晶，等，2010. 营口地区乡镇天气预报和实况对比检验系统[J]. 河北农业科学，14（6）：170-172.

尤凤春，王国荣，郭锐，等，2011. MODE 方法在降水预报检验中的应用分析[J]. 气象，37（12）：1498-1503.

赵滨，张博，2018. 邻域空间检验方法在降水评估中的应用[J]. 暴雨灾害，37（1）：1-7.

BROWN B，ATGER F，BROOKS H，et al，2008. Recommendations for the verification and intercomparison of QPFs and PQPFs from operational NWP models[R]. Revision 2. WMO.

BROWN B，JENSEN T，GOTWAY J H，et al，2021. The Model Evaluation Tools (MET)：more than a decade of community-supported forecast verification[J]. Bulletin of the American Meteorological Society，102（4），782-807.

DAVIS C，BROWN B，BULLOCK R，2006a. Object-based verification of precipitation forecasts. Part I：Methodology and application to mesoscale rain areas[J]. Mon Wea Rev，134（7）：1772-1784.

DAVIS C，BROWN B，BULLOCK R，2006b. Object-based verification of precipitation forecasts. Part II：Application to convective rain systems[J]. Mon Wea Rev，134（7）：1785-1795.

DAVIS C，BROWN B，BULLOCK R，et al，2009. The Method for Object-based Diagnostic Evaluation (MODE) applied to numerical forecasts from the 2005 NSSL/SPC Spring program[J]. Wea Forecasting，24：1252-1267.

JOLLIFFE I T，STEPHENSON D B，2016. 预报检验——大气科学从业者指南[M]. 第二版. 李应林，等译. 北京：气象出版社.

ROBERTS N M，LEAN H W，2008. Scale-selective verification of rainfall accumulations from high-resolution forecasts of convective events[J]. Mon Wea Rev，136：78-97.

RODWELL M J，RICHARDSON D S，HEWSON T D，et al，2010. A new equitable score suitable for verifying precipitation in numerical weather prediction[J]. Quart J Roy Meteor Soc，136：1344-1363.

附录　MetEva 中的常用函数

基础数据生成函数

get_grid_of_data 提取网格信息　　　　　　　　get_stadata_names 获取数据名称列表

grid_data 初始化网格数据　　　　　　　　　　grid 初始化网格信息类变量

reset 重置网格数据　　　　　　　　　　　　set_griddata_coords 设置网格的坐标属性

set_stadata_attrs 设置数据属性　　　　　　　set_stadata_coords 设置数据时空坐标

set_stadata_names 设置数据名称　　　　　　　sta_data 初始化站点数据

xarray_to_griddata 将 xarray 数据转换 grid_data

数据读写函数

copy_data 任意格式文件批量转换　　　　　　print_gds_file_values_names 打印分布式站点数据的要素

print_grib_file_info 打印 grib 数据中的信息　　read_awx_from_gds 从 micaps 服务器中读取 awx 云图数据

read_cyclone_trace 读取 micap7 台风数据　　　read_griddata_from_awx_file 读取 awx 云图数据

read_griddata_from_bz2_file 从压缩文件中读取网格数据　　read_griddata_from_cimiss 从 cimiss 读取网格数据

read_griddata_from_cmadaas 从大数据云平台读取网格数据　　read_griddata_from_ctl 用 ctl 读取 grads 网格数据

read_griddata_from_gds 读取 micaps 服务器中的网格数据　　read_griddata_from_gds_file 读取 micaps 二进制网格数据文件

read_griddata_from_grib 读取 grib 数据　　　read_griddata_from_micaps4 读取 micaps4 文本格式数据

read_griddata_from_nc 读取 netcdf 数据　　　read_griddata_from_radar_latlon_file 读取雷达拼图文件

read_griddata_from_radar_mosaic_v3_file 读取雷达拼图文件　　read_gridwind_from_gds 从 micaps 服务器读取风场

read_gridwind_from_gds_file 从 micaps 二进制文件读取风场　　read_gridwind_from_micaps11 从 micaps11 文件读取风场

read_gridwind_from_micaps2 从 micaps2 文件读取风场　　read_stadata_from_cmadaas 从大数据云平台读取站点数据

read_stadata_from_csv 从文本文件中读取站点数据　　read_stadata_from_gds 从服务器读取 micaps 二进制站点数据

read_stadata_from_gdsfile 读取 micaps 二进制站点数据　　read_stadata_from_micaps1_2_8 读取 micaps1、2、8 类数据

read_stadata_from_micaps3 读取 micaps3 数据　　read_stadata_from_micaps41_lightning 读取闪电数据

read_stadata_from_sevp 读取精细化城镇预报数据　　read_station 读取站点信息

set_io_config 设置 io 配置文件　　　　　　set_io_config 设置 io 配置文件

write_array_to_excel 将数组输出成 excel　　　write_griddata_to_micaps11 将风场输出成 micap 第 11 类文件

write_griddata_to_micaps4 输出 micap 第 4 类文件　　write_griddata_to_nc 输出成 netcdf 文件

write_stadata_to_micaps3 输出成 micaps 第 3 类文件

数据转换函数

add_dtime_0 添加 0 时效　　　　　　　　add_on_level_time_dtime_id 站点数据相加

add_stavalue_to_nearest_grid 网点附近站点值之和　　change 变化量计算

combine_expand_iv 扩展合并　　　　　　　combine_on_all_coords 基于所有坐标的横向合并

combine_on_obtime_id 观测和预报的匹配合并　　concat 数据拼接

drop_by_para 通过参数剔除部分数据　　　　get_ob_from_combined_data 从数据集中提取观测数据

get_stations_near_by_cyclone_trace 获取台风路径附近的站点　　group 将数据分组

interp_gg_linear 格点—点格点 双线性插值　　interp_gs_linear 格点—点站点 双线性插值

interp_gs_nearest 格点—点站点 邻近点插值　　interp_sg_cressman 站点—点格点 cressman 插值

interp_sg_idw 站点—点格点 反距离权重插值　　interp_ss_idw 站点—点站点 反距离权重插值

is_max_of_oneday 日最大值标识　　　　　　is_min_of_oneday 日最小值标识

max_in_r_of_sta 统计邻域内的最大值

max_of_grd 计算网格数据最大值

max_of_sta 计算站点数据最大值

mean_in_r_of_sta 统计邻域内的平均值

mean_of_grd 计算网格数据平均值

mean_of_sta 计算站点数据某维度平均

min_in_r_of_sta 统计邻域内的最小值

min_of_grd 计算网格数据最小值

min_of_sta 计算站点数据最小值

move_fo_time 平移数据时间时效

moving_ave 网格数据滑动平均

put_stadata_on_station 将站点数据赋值到统一站表上

rain_process_end 降水过程结束标识

rain_process_lenght 降水过程时间长度

rain_process_peak 降水过程峰值

rain_process_start 降水过程起始标识

rain_to_01process 降水过程标识

sele_by_dict 通过综合字典选取数据

sele_by_para 通过参数提取部分数据

smooth 网格数据平滑

speed_angle_to_wind 根据风速风向计算 uv 风

statistic_in_r_of_sta 统计邻域内站点值的属性

sum_of_grd 求网格数据在某维度上的和

sum_of_sta 求站点数据在某维度上的和

t_dtp_to_rh 相对湿度_基于温度、露点

t_rh_p_to_q 比湿_基于温度、湿度、气压

t_rh_to_tw 湿球温度_基于温度、湿度

time_ceilling 不规则数据的时间取整

trans_contours_to_sta 等值线数据转站点数据

trans_grd_to_sta 网格数据转站点数据

trans_sta_to_grd 规则站点数据转网格数据

u_v_to_wind 将 u,v 数据对齐合并

values_list_list_in_r_of_sta 获取站点 r 半径内的邻域值

var_of_grd 计算网格数据方差

路径和时间相关函数

all_type_time_to_datetime 转换为 datetime. datetime 类型

all_type_time_to_time64 转换为 numpy. datetime64 类型

creat_path 根据文件路径创建文件夹

get_path 生成文件路径

get_path_list_in_dir 获取目录下所有文件路径

绘图相关函数

add_barbs 添加风羽图图层

add_closed_line 添加落区等值线图层

add_contour 添加等值线图层

add_contourf 添加填色图层

add_cyclone_trace 添加台风路径图层

add_mesh 添加马赛克图层

add_scatter 添加散点图层

add_scatter_text 添加散点文字图层

bar；plo；mesh 矩阵数据绘制

contourf_2d_grid 绘制填色图

creat_axs 创建底图

def_cmap_clevs 自定义 colorbar

pcolormesh_2d_grid 绘制马赛克图

scatter_sta 绘制站点填图

set_customized_shpfile_list 设置自定义地图

set_plot_color_dict_method0 设置全局的颜色

常规检验算法函数

accumulation_change_with_strength 降水量随强度的变化图

accuracy 准确率

acd；acd_uv 风向预报准确率

acs；acs_uv 风速预报准确率

acz；acz_uv 风预报综合准确率

bias 偏差

bias_extend_linear 偏差幅度

bias_grade 分级预报 bias 评分

bias_m 均值偏差

bias_multi 分类预报 bias 评分

box_plot_continue 频率对比箱须图

box_plot_ensemble 频率对比箱须图

bs bs 评分

bs_tems bs 评分

bss bss 评分

contingency_table_multicategory 列联表

contingency_table_yesorno 列联表

corr 相关系数

corr_rank 秩相关

correct_rate 准确率

cr 一致性比例

crps 连续分级概率评分

discrimination 区分能力图

discrimination 区分能力图

distance 位置误差

dts dts 评分

ets ets 评分

ets_grade 分级预报 ets 评分

ets_multi 分类预报 ets 评分

far 空报率

far_grade 分级预报空报率

far_multi 分类预报空报率

frequency_change_with_strength 降水频次随强度的变化图

frequency_histogram 频率统计图

frequency_table 频率表

fscore fscore 评分

hfmc 命中、空报、漏报、正确否定

hfmc_multi 分类检验的命中、空报、漏报、正确否定

hfmc_of_sun_rain 晴雨预报的命中、空报、漏报、正确否定

hk hk 评分

hk_yesorno 二分类 hk 评分

hnh 区分能力表

hss hss 评分

hss_yesorno 二分类 hss 评分

mae 平均绝对误差

mae_angle；mae_angle_uv 风向预报绝对误差

max_abs_error 最大绝对误差

max_error 最大误差

me 平均误差

me_angle；me_angle_uv 风向预报误差

min_error 最小误差

mr 漏报率

mr_grade 分级预报漏报率

mr_multi 分类预报漏报率

mre 定量相对误差

mse 均方误差

na_ds；na_uv 风综合检验中间量

nas_d；nas_uv 风向检验中间量

nasws_s；nasws_uv 风速检验中间量

nse 纳什系数

ob_fo_hc 观测和预报发生频次

ob_fo_hr 观测和预报发生率

ob_fo_max 观测和预报的最大值

ob_fo_mean 观测和预报的平均值

ob_fo_min 观测和预报的最小值

ob_fo_precipitation_strength 观测和预报的降水强度

ob_fo_quantile 观测和预报的分位值

ob_fo_std 观测和预报的标准差

ob_fo_sum 观测和预报的累计值

orss orss 评分

pc 准确率

pc_of_sun_rain 晴雨准确率

pdf_plot 频率关系图

performance 综合检验图

performance_mr_far 综合检验图（基于检验结果）

pod 命中率（召回率）

pod_grade 分级预报命中率

pod_multi 分类预报命中率

pofd 报空率

pofd_grade 分级预报空报率

pofd_multi 分类预报报空率

rank_histogram 等级柱状图

reliability 可靠性图

residual_error 残差

residual_error_rate 残差率

rmse 均方根误差

rmse_angle；rmse_angle_uv 风向预报误差

rmsf 均方根倍差

roc roc 图

roc roc 图

roc_auc roc 面积

sample_count 检验样本数

sbi 偏差幅度相对技巧

scatter_regress 散点回归图

scatter_uv 风矢量散点分布图

scatter_uv_error 风矢量误差散点分布图

seeps seeps 误差

seeps_skill seeps 技巧

sfa 空报率相对技巧

spc 晴雨预报相对技巧

spo 命中率相对技巧

sr 成功率（精确率）

sr_grade 分级预报成功率

sr_multi 分类预报成功率

statistic_uv 风矢量分布统计对比图

sts ts 评分相对技巧

tase 总样本数、误差总和、绝对误差总和、误差平方总和

tase_angle；tase_angle_uv 风向预报误差统计中间量

taylor_diagram 泰勒图

tc 总样本数、正确样本数

tc_count 总样本数、正确的样本数

tcof 总样本数、正确样本数、预报观测频率表

tdis 位置误差统计中间量

tems 总样本数、误差总和、观测平均、观测方差

tems_merge tems 合并函数

tlfo 总样本数、倍差对数和

tmmsss 样本数、观测均值、预报均值、观测方差、预报方差、协方差

tmmsss_merge tmmsss 合并函数

toar 预报和观测值之和大于 0 样本数、相对误差绝对值总和

ts ts 评分

ts_grade 分级预报 ts 评分

ts_multi 分类预报 ts 评分

variance_mse 均集合内方差和集合平均的均方误差

wind_severer_rate；wind_severer_rate_uv 风速预报偏强率

wind_weaker_rate；wind_weaker_rate_uv 风速预报偏弱率

wrong_rate 错误率

空间检验算法函数

centmatch;deltamm;minboundmatch 目标匹配方法

field_sig_id 显著性检验（基于站点数据）

load_feature_summary_list 从文件夹中批量导入

p2a_vto01 点对面要素转 01

plot_label 绘制目标编号

plot_value_and_label 绘制要素和编号

rigid_simple 简单刚体变换

unimatch 预报向观测匹配

vgm_grd_mesh 变差图 mesh（格点数据）

dataframe;features_list_to_df 检验概要转

fss Fss 方法检验函数

operate mode 检验综合函数

p2p_vto01 点对点要素转 01

plot_value 绘制要素场

rigid_optimal 最优刚体变换

sal sal（结构、强度、尺度）

vgm_grd 变差图（格点数据）

vgm_sta 变差图（站点数据）

检验产品层函数

diunal_max_hour 日变化曲线峰值时间

download_from_gds 从 gds 服务器备份数据到本地

error_boxplot_abs 误差综合分析图（绝对值）

mpd. score 数值型检验指标计算

mpd. score_tdt 数值型检验指标随时间_时效的分布

prepare_dataset 数据预处理

rain_24h_sg 24h 降水预报和观测分布对比图

rain_sg 降水预报和观测分布对比图

temper_comprehensive_sg 温度预报观测综合对比图（sg）

temper_gg 温度预报观测对比图（gg）

temper_ss 温度预报观测对比图（ss）

time_list_line 多模式多时效对比图（线条）

time_list_mesh 多时效预报误差和稳定性对比图（填色）

time_list_mesh_wind 单站风的多时效对比图

diunal_max_hour_id 日变化曲线峰值时间的空间分布

error_boxplot 误差综合分析图

mpd. plot 图片型检验产品制作

mpd. score_id 数值型检验指标的空间分布

mpd. table 表格型检验产品生成

rain_24h_comprehensive_sg 24 h 降水预报和观测分布综合对比图

rain_comprehensive_sg 降水预报和观测分布综合对比图

temper_comprehensive_gg 温度预报观测综合对比图（gg）

temper_comprehensive_ss 温度预报观测综合对比图（ss）

temper_sg 温度预报观测对比图（sg）

terrain_height_correct 温度地形订正

time_list_line_error 多模式多时效误差对比图（线条）

time_list_mesh_error 多时效预报误差对比图（填色）

tran_typhoon_report 台风数据形式转换

透视分析层函数

middle_df_sta;middle_df_grd 检验中间量统计

score_xy_df 检验指标水平分布

score_df 检验指标分类统计